# 荞麦剥壳性能参数
# 在线检测方法

吕少中 著

北京理工大学出版社
BEIJING INSTITUTE OF TECHNOLOGY PRESS

**图书在版编目（CIP）数据**

荞麦剥壳性能参数在线检测方法／吕少中著．—— 北京：北京理工大学出版社，2023.7
ISBN 978 - 7 - 5763 - 2492 - 1

Ⅰ．①荞… Ⅱ．①吕… Ⅲ．①荞麦 - 稻谷脱壳 Ⅳ．①TS212.4

中国国家版本馆 CIP 数据核字（2023）第 112121 号

出版发行／北京理工大学出版社有限责任公司
社　　　址／北京市海淀区中关村南大街 5 号
邮　　　编／100081
电　　　话／（010）68914775（总编室）
　　　　　　（010）82562903（教材售后服务热线）
　　　　　　（010）68944723（其他图书服务热线）
网　　　址／http://www.bitpress.com.cn
经　　　销／全国各地新华书店
印　　　刷／廊坊市印艺阁数字科技有限公司
开　　　本／787 毫米 × 1092 毫米　1/16
印　　　张／9.75
彩　　　插／4
字　　　数／140 千字
版　　　次／2023 年 7 月第 1 版　2023 年 7 月第 1 次印刷
定　　　价／69.00 元

责任编辑／钟　博
文案编辑／钟　博
责任校对／刘亚男
责任印制／施胜娟

# 前　言

荞麦生育期短、抗旱耐瘠薄，是粮食作物中一种比较理想的填闲补种作物。荞麦的种植区域多分布在经济落后、土壤贫瘠的旱区和冷凉高寒地区，在发展中西部地方特色农业和帮助贫困地区脱贫致富的进程中有着特殊的作用，发展荞麦种植和加工产业有利于改善这些地区的产业结构，提高当地农民的收入水平。荞麦一般先要经过剥壳处理，将壳仁分离后再进行深加工或食用。相对于直接制粉，荞麦剥壳后的经济价值会显著提高，不仅可以提高荞麦原料的利用率，剥壳后的荞麦还可以衍生出各种利用方式，成品荞麦米的价格也远高于荞麦粉。

荞麦的粒径、含水率、品种等因素变化后，砂盘式荞麦剥壳机所需的最佳剥壳间隙和转速等参数都会有所不同。荞麦剥壳机出料口荞麦剥出物中未剥壳荞麦、完整荞麦米、碎荞麦米的相对含量反映了荞麦剥壳机的剥壳性能，需要根据这些性能参数来调整砂盘间隙和转速以达到较高的剥壳效率。目前生产中荞麦剥壳机剥壳性能参数的检测完全由人工方式实现，主观性强且工作强度高，无法保证产量和质量的稳定。针对目前国内外厂家生产的荞麦剥壳设备还不具备机电一体化自动控制功能的现状，满足既有荞麦剥壳设备智能化改造以及在新型设备中采用自适应最优化自动控制的需求，本书介绍了一种基于机器视觉的荞麦剥壳性能参数在线检测方法。

本书第 1 章为绪论，总体介绍了基于机器视觉的荞麦剥壳机剥壳性能参数在线检测的作用、涉及的一些关键问题及研究内容。第 2 章设计了一种对荞麦剥壳机组现有机械结构和剥壳流程扰动小且经济性较好的荞麦剥出物图像获取方式。出料口落下的部分荞麦剥出物沿一块籽粒滑动托板自然滑落，经 LED 光源强化照明后使用工业相机以 300 μs 快门时间对其进行图像采集。图像中荞麦籽粒数目平均为 900 粒左右，清晰无拖影且无堆积。在荞麦剥出物图像的预处理中，使用带二阶拉普拉斯修正项的边缘自适应插值算法进行插值重建，减弱了荞麦籽粒边缘处的拉链效应。使用空间域滤波算法对噪声进行滤除，减弱了由噪声导致的伪彩色现象。使用直方图拉伸方法进行图像增强处理，使籽粒与背景在边缘处对比更明显，粘连籽粒中间的背景区域更加突出。第 3 章提出了一种在蓝色背景下对荞麦剥出物图像进行 $N \times (B - R)$ 灰度化的方法。这种方法可使图像的灰度分布满足阈值背景分割的需求，同时在不损失粒型较小的碎荞麦米的情况下，产生对粘连分割有利的籽粒外形变化。第 4 章提出了一种类圆形农作物籽粒的粘连分割方法。在籽粒的距离骨架图像上进行区域极大值滤波以提取供分水岭分割算法使用的种子点，然后使用分水岭分割算法对种子点标记后的籽粒距离图像进行分割。该方法在试验中的粘连籽粒平均正确分割率为 97.8%。第 5 章提出了一种荞麦籽粒交互式快速标注方法并进行了软件实现，使用这种方法可对大量籽粒样本进行快速标记。试验中标记一个荞麦籽粒平均用时短于 1.5 s。选择 RGB 颜色空间 3 个通道的灰度均值、灰度标准差和偏度，形状特征中与形态无关的面积、长轴长、短轴长和周长共 13 个特征作为荞麦籽粒特征，使用 BP 神经网络对荞麦剥出物中的各种籽粒成分进行识别。试验中本书提出的在线检测方法对未剥壳荞麦、完整荞麦米和碎荞麦米的识别率分别为 99.8%、97.8% 和 95.4%，综合正确识别率可达 98.6%。对一幅含 897 个籽粒的图像检测时间为 5.145 2 s，证明了检测精度和运行时间能够满足在线检测的需求。

　　值此成书之际感谢所有在研究工作中对我提供无私支持的老师、同窗及学生。


吕少中
**2023.5.5 于内蒙古工业大学**

为5.145了，在用于检测精度和正于时间能够满足在线检测的需求。

使其成为拉普通用养养研究工作中难得优其科支持的参考，向阅及于此！

吕心中
2022.5.5 于内蒙古工业大学

# 目　录

# 第1章

绪论

# 1.1 荞麦剥壳性能在线检测的作用

荞麦属于蓼科荞麦属、一年生草本、双子叶植物。荞麦又名三角麦、乌麦，生育期短、耐冷冻瘠薄，是粮食作物中比较理想的填闲补种作物[1]。与其他大宗粮食作物相比，荞麦营养成分全面，营养结构具有独特性，特别是蛋白质组成，其不仅具有人体所必需的 8 种氨基酸，同时富含精氨酸和组氨酸[2]。荞麦种子的蛋白质、脂肪含量高于大米和小麦，维生素 B 含量高于其他粮食 4 ~ 24 倍，无论是常量元素磷、钙、镁、钾，还是微量元素铜、铁、锰，其含量均高于其他禾谷类作物，并且含有其他禾谷类粮食所没有的叶绿素、维生素 P 等[3]。

荞麦起源于中国[4]。我国现在广泛种植的荞麦品种有甜荞（普通荞麦）和苦荞（鞑靼荞麦）两种[5]。甜荞的主产区分布在东北、华北、西北和南方的一些低海拔地区，如黑龙江、吉林、辽宁、河北、陕西、江西、安徽等地[6]。苦荞的主产区分布在西南、西北和南方地区，如云南、四川、贵州、陕西、山西、甘肃、湖南、湖北和江西等地[7]。中国是最大的甜荞生产国[8]，2016 年全国荞麦总产量为 40 万 t[9]。20 世纪 90 年代以来，我国每年荞麦出口量达到 10 万~ 11 万 t，主要出口日本、韩国、荷兰、意大利等国，其中对日出口量达到 8 万~ 10 万 t，占中国荞麦出口总量的 70% ~ 80%[10]。荞麦作为特用作物，在发展中西部地方特色农业和帮助贫困地区脱贫致富的进程中有着特殊的作用，在中国区域经济发展中占有重要地位[11]

荞麦一般要先经过剥壳处理，将壳仁分离后再进行深加工或食用。相对于直接制粉，荞麦剥壳后的经济价值会显著提高，不止提高了荞麦原料的利用率，剥壳后的荞麦还可以衍生出各种利用方式，成品荞麦米的价格也高于荞麦粉数倍。

目前荞麦剥壳方式主要有两种。

（1）离心式剥壳结构：使未剥壳荞麦经过离心力的作用甩向剥壳机的外壳或撞击板，通过撞击的作用使壳仁分离。这种方式虽然生产率较高，但碎米率也较高，不适于生产高品质的荞麦产品[12]。

（2）砂盘式剥壳结构：使用两个平行的做相对旋转运动的圆形砂盘，依靠砂盘旋转对荞麦产生搓碾作用而实现荞麦的剥壳。

针对更适合荞麦剥壳生产的碾搓式或搓擦式剥壳结构，代丕有[13]、内蒙古农牧学院[12]、冯爱莲[14]、车文春[15]和朱新华[16]设计了相应的荞麦剥壳装置。

与荞麦剥壳加工设备的研究现状相似，花生、向日葵以及坚果等需要进行剥壳或去皮处理的农产品加工设备研究，也都主要围绕剥壳或去皮原理、关键部件的结构参数、被处理原料的性状及其与加工过程和设备的关系进行探讨[17-18]，目前鲜有利用机器视觉技术对产出物料进行分析，反馈调节加工参数的研究[19]。

荞麦的粒径、含水率、品种等因素变化后，砂盘式荞麦剥壳机所需的最佳剥壳间隙和转速等参数都会有所不同。荞麦剥壳机出料口混合物中未剥壳荞麦、完整荞麦米、碎荞麦米的相对含量反映了荞麦剥壳机的剥壳性能，生产中需要根据这些性能参数来调整砂盘间隙和转速以达到较高的剥壳效率[20-22]。目前，荞麦剥壳性能参数的检测完全由人工方式实现[23]，主观性强、工作强度高，生产中常会出现不同工作人员监控同一台荞麦剥壳机而产量和质量相差悬殊的现象。

目前根据文献资料和厂家产品目录信息，我国科研人员还未有关于荞麦剥壳设备机电一体化控制的学术研究成果发表，国内厂家生产的荞麦剥壳设备也未见自动控制功能装备。对既有的荞麦剥壳生产设备进行智能化改造，在新型的设备中采用自适应最优化的自动控制方式，既符合当前国家的产业政策，也能带来良好的社会和经济效益，可以起到提高荞麦剥壳生产率、降低单位产量功耗、提升产品品质、降低操作人员劳动强度的作用。

当前制约在荞麦剥壳设备中应用先进控制手段的主要瓶颈是对荞麦剥壳效果没有有效的在线检测手段，不能形成闭环反馈，无法对控制效果进行误差修正。机器视觉作为一种快速、无损、精确、客观的检测技术，在农产品籽粒的品质检测[24-26]、分级精选[27]和品种检测[28]中得到广泛的应用。本书采用机器视觉的方法对荞麦剥壳机出料口混合物进行图像采集，对图像中的未剥壳荞麦、完整荞麦米、碎荞麦米识别后分别统计其数量，以这些成分的数量比例关系作为荞麦剥壳性能参数，可提供给现场操作人员作为调整剥壳参数的依据，或作为自适应最优控制的数据反馈信号。

## 1.2　机器视觉技术在相关领域的应用

### 1.2.1　机器视觉技术在农产品检测中的应用

国内外学者对荞麦的研究主要集中在它的营养成分、食用或药用价值、栽培育种以及加工技术上，机器视觉技术针对荞麦的应用研究成果相对较少。张强[29]通过图像处理软件对 11 个苦荞品种进行了品种识别研究。侯干[30]使用卷积残差神经网络提取苦荞种子的特征，对比了各种分类器对苦荞品种的分类效果。刘广硕[31]设计了一种荞麦剥壳效果在线检测装置，并使用图像识别的方法进行效果检测。

由于整精米率是收购稻米的主要参考因素之一，也是评价大米质量的重要参考指标，而在我国还没有完全脱离依靠检测人员主观进行检测的方式，所以出现了基于机器视觉技术进行整精米率检测的相关研究。侯彩云[32]设计开发了一套计算机图像处理系统 RQES1.0，专门用于 GB/T 17891—1999 中优质稻谷分级质量指标整精米率、垩白粒率、垩白度和粒型等参数的检测。尚艳芬[33]开发了一个整精米识别系统，可以自动识别整精米和碎米，建立了从群体米样中分割整精米的计算模型。于润伟[34]先计算出单个米粒所占的像素个数，再通过预先计算的整精米长度/面积比换算出米粒长度，最后根据米粒长度判断整精米和碎米，该方法的自动检测与人工检测相关性大于 99%。高希端[35]通过图像预处理保留图像中大米的轮廓信息，并采用闭合图形边缘搜索方法提取大米轮廓像素点，以椭圆长轴为对称轴来实现米粒长度的快速计算，该方法检测整精米率与人工检测相关系数为 0.96。刘丹[36]通过对米粒建立三维模型，根据米粒二维图像推测其体积，然后通过米粒的体积之比来计算整精米率。李同强[37]对大米二值图像进行面积和周长特征的提取，根据米粒周长像素数目的大小采取不同识别模式，当周长的像素数目大于某一固定值时判断该种大米是长粒型，采取周长识别模式，而对短粒型大米采取面积识别模式，这种方法能显著提高整精米率的检测效率。张伟[38]和王仁圣[39]设计和实现了在嵌入式系统上运行的整精米率检测方法。LIU[40]通过数字图像处理技术对大米的加工精度进行检测，和传统的方法相比，其准确度可达 $R^2 = 0.981\,9$。LLOYD[41]使用机器视觉技术分别检测了实验室和商业中使用的碾磨机所碾磨出的大米的整精米率。YADAV[42]获取了大米的周长、面积和长度等特征，通过这些特征测算整精米的数量并对碾米机进行监控。

机器视觉技术在农产品检测中的一个主要应用领域是大宗粮食作物，例如大米、小麦、玉米和大豆的品质检测。检测的范围有表面缺陷、病斑、虫蚀、霉变以及不完善粒等。张浩[43]进行了小麦籽粒图像的分析，测定的小麦籽粒长轴、短轴、投影面积等参数与手工测量值均存在良好的线性关系，能够精确描述小麦形态特征。张玉荣[44]研究了一种基于小麦不完善粒图像特征和 BP 神经网络的不完善粒识别方法，提取小麦的形态、颜色和纹理共三大类 54 个特征参数，采用主成分分析法提取 8 个主成分向量作为模式识别的输入，使用 BP 神经网络实现对小麦不完善粒的检测识别，平均识别正确率达到 93%。MANICKAVASAGAN[45]使用单色图像的纹理特征实现了小麦分类识别。DOUIK[46]使用小波变换提取小麦的纹理特征并使用多层神经网络对 3 个小麦品种进行了分类。AMARAL[47]使用图像分析的方法，通过小麦的形态特征对小麦的等级评定进行了研究。SHRESTHA[48]使用双摄像机对受损小麦进行图像采集，把颜色、纹理、形状和尺寸特征作为神经网络的输入对破损小麦进行识别，将识别的结果与 α 淀粉酶活性测量结果进行对比，验证了 α 淀粉酶活性的大小可以用来判别完善粒、破损粒和严重破损粒。YANG[49]使用机器视觉和神经网络检测制作爆米花玉米原料的品质，检测准确率可达

75%。周鸿达[50]使用均值滤波、最大类间方差法和形态学运算等方法对图像进行处理，提取籽粒的形态、颜色和纹理 3 类外部特征共 48 个特征参数，采用逐步判别分析方法和主成分分析法确定 8 个主成分因子，建立对玉米水分进行预测的 8 – 17 – 1 结构 3 层 BP 神经网络模型，检测值与实际值之间的决定系数为 0.975 8，证明了将机器视觉技术应用于玉米水分质量分数检测在理论与方法上是可行的。COURTOIS[51]使用机器视觉技术对大米的破碎率进行了检测。吴彦红[52]开发了一套基于计算机视觉技术的稻谷品质检测系统，从采集的稻米群体图像中提取单体米粒图像，对单体米粒的裂纹、垩白特征进行了统计和检测方法研究，裂纹米粒识别的准确率为 96.41%，垩白米粒识别的准确率为 94.79%，整精米识别的准确率为 96.20%。孙翠霞[53]使用双阈值法对大米图像进行分割，分别得到大米籽粒图像和只含垩白米粒的大米图像，较好地解决了籽粒粘连的问题，该方法可以在粘连情况下对大米垩白度进行判别，判别率达 97.48%。王粤[54]通过 HSI 颜色空间中的 I 通道灰度图像检测大米垩白粒，使用改进后的最大类间方差法进一步分析垩白率、垩白度信息。使用传统最大类间方差法对垩白粒和垩白度的检出率在 90% 左右，使用改进的最大类间方差法准确率达到 97.2%。王卫翼[55]设计了一种基于机器视觉的虫蚀葵花籽识别分选系统，针对葵花籽虫蚀特征中的特征面虫蚀和边缘虫蚀两种类型，分别应用孔洞的"吸光效应"和边缘轮廓的多边形拟合算法对两类特征进行分析和提取。LIU[56]使用机器视觉技术来判别虫害和霉变的大豆种子，在试验中使用神经网络分类器对 1 000 粒不同受损程度的大豆种子进行识别，平均正确识别率为 97.2%。

　　机器视觉在线检测应用较多出现在水果的在线分级分拣领域。水果分级装置经历了机械式、光电式再到机器视觉式的发展历程[57-59]。基于机器视觉的水果分级分拣设备具有可检项目多、速度快、对水果无损伤的特点，近年来发展迅速，逐渐成为研发生产的主流[60-61]。机器视觉技术无法检测水果的内部品质，因此使用近红外技术、磁共振成像、X 光成像、电磁以及声学技术对水果内部品质的无损检测方法也是国内外研究的热点[62-68]。黄星弈[69]提出了一种适用于实时在线检测的苹果果形计算方法，其使用几何方法确定苹果的近似横径和纵径，然后利用线性回归分析确定测量值和真实值之间的相关性，试验中测量值和真实值的吻合率大于90%。袁亮[70]针对人工检测番茄品质效率低、主观性强等问题，设计了基于机器视觉技术的适用于番茄外部品质检测的图像处理系统，用基于线性判别函数和决策树的模式分类器对番茄的大小、颜色和形状综合进行分级处理，分级精度达到92%。李庆中[71]用遗传算法实现了多层前向神经网络识别器的学习设计，实现了苹果颜色的实时分级，颜色分级识别准确率在90%以上，分级一个苹果用时150 ms。陈艳军[72]针对中国苹果产后分选率和分选精度均较低而影响其商品价值的现状，设计了一套基于机器视觉技术的苹果分选系统，提出了2种对苹果进行大小分级的理论模型，一种以苹果轮廓线上两点之间的最大距离作为分级标准，另一种以苹果最大横切面直径作为分级标准。模型一分级正确率为93.3%，模型二分级正确率为87.1%，双通道分级效率最高可达12个/s。莫亚子[73]根据猕猴桃的椭圆外形特征，提出了一种以横截面积为依据的猕猴桃分级检测算法，试验数据表明该方法的分级正确率可高达87%且单果分级的平均速率可达1.83 s/个。左兴健[74]针对目前猕猴桃采后人工分级费时费力、自动分级成本高等问题，研制了一套实用的猕猴桃自动分级设备，该设备包括单行定位输送系统、图像采集系统、分级执行系统和控制系统，通过多特征提取和融合分级的方法对猕猴桃实现了自动分级，按体积、形状、表面缺陷特征分级的准确率分别可达88.9%、91%、94%，融合分级的准确率可达86%。邓继忠[75]针对家庭农场及小规模营销的需要，设计了基于机器视觉的小型农产品分选机，农产品在平胶带上以多通道阵列的方式输送，DSP作为机器视觉单元的核心，根据农产品的形状、颜色等图像特征进行分选，核桃、红枣和栗子的分选准确率分别为91.66%、94.79%和97.39%，分选速度达8 800个/h。SOFU[76]设计了一种苹果实时在线检测分级系统，能够根据苹果的颜色、尺寸、质量和是否腐烂等对其进行分级，平均分级准确率为 73%~96%。

机器视觉技术在农产品检测领域的应用有两个难点问题，尤其在大样本量籽粒的在线检测中体现较为明显，一个是检测方法的时效性问题，另一个是籽粒之间的粘连分割问题。第一个问题主要是样本特征提取和计算的串行执行方式与大量样本需要计算之间的矛盾所导致。第二个问题是由于要在一幅图像中容纳大量待检测籽粒对象，而籽粒的位置难以控制导致籽粒之间的粘连几乎不可避免。

## 1.2.2 图像中颗粒对象的粘连分割

本书是根据荞麦剥壳机出料口荞麦剥出物中未剥壳荞麦、完整荞麦米和碎荞麦米的相对含量来判断荞麦剥壳性能，对这几种荞麦籽粒进行特征提取、样本标注、分类识别以及分类计数的前提是籽粒之间没有粘连或有粘连但已经正确地进行了籽粒图像的粘连分割。由于没有设计用于籽粒分离的机械结构，本书试验中在线采集到的荞麦剥出物图像存在大量籽粒之间的粘连现象，必须使用一定的分割算法对粘连进行正确的分割才能进行后续的处理环节。粘连分割是图像分割领域的一个难点问题，国内外学者针对该问题进行了深入广泛的研究，已经有大量的研究成果公布，这些粘连分割算法主要基于以下几种思想。

### 1. 基于轮廓和边缘的粘连分割

这类方法主要是将颗粒轮廓边缘上粘连位置的凹点作为分离点[77-84]，对凹点进行配对后，在成对的凹点之间画出分离线将被分割对象划分为单独的区域。

使用凹点匹配的方法应满足 3 个前置条件。

（1）被分割对象能够形成清晰连续的边缘。

（2）被分割对象应满足凸特性，本身不出现显著的凹陷点。

（3）粘连位置会形成凹陷点。

在很多实际应用场景中，凹点匹配的方法效果并不十分理想，主要原因如下。

（1）凹点匹配的方法对边缘噪声非常敏感，当粘连处的凹点不明显或提取出的边缘光滑度不好时，容易出现分离点设置错误。

（2）当粘连情况复杂时，容易出现错误的分离点配对。

（3）对背景分割的效果依赖严重。

针对实际应用中出现的问题，有学者使用椭圆拟合的方法对现有凹点匹配的方法进行了改进[85-86]，但这些方法依赖先验信息，算法也较复杂且时效性不佳。

### 2. 基于数学形态学的粘连分割

数学形态学图像处理的基本运算包括腐蚀和膨胀、开运算和闭运算、骨架抽取、极限腐蚀、击中击不中变换、形态学梯度、顶帽变换、颗粒分析、流域变换等。一种基于腐蚀和膨胀运算的粘连分割方法是对二值图像反复进行腐蚀操作，使粘连区域不断收缩，直至分裂成和实际颗粒对应的单个核区域，再对核区域进行相同次数的膨胀操作获得粘连对象的外形。这种方法在使用中有可能出现以下问题。

（1）粘连严重导致粘连对象始终不能被腐蚀成对应的独立区域。

（2）由于腐蚀和膨胀是非完全互逆操作，所以在相同次数的膨胀后不能完全恢复粘连对象的形状，产生分割误差。

分水岭分割算法是另一种基于数学形态学的粘连分割方法，是当前使用最广泛的一种粘连分割方法[87-94]。分水岭分割算法将二维灰度图像看作一个三维地形图，每个像素的灰度值对应地形图中的高度，灰度值相对较小的区域对应地形图中的盆地。假设在地形图的各个盆地底部处打洞使水进入，随着水位的上升观察各个盆地的水是否相遇，一旦要相遇就在将要相遇的位置筑堤坝阻止其相遇，直至盆地被水完全淹没，最终各个盆地之间的堤坝就是分水岭分割产生的分割线。传统分水岭分割算法由于图像噪声或梯度图像的不均匀常会出现过分割现象，过分割严重会导致分割结果没有意义。解决过分割的方法主要有以下两个。

（1）使用标记控制分水岭分割。

（2）分水岭分割后对过分割区域进行合并。

对种子点标记的提取，很多学者针对各自的应用场景提出了相应的方法[95-108]。

### 3. 基于主动轮廓模型的粘连分割

主动轮廓模型方法首先在待分割区域内初始化一条封闭的演化曲线，并给该曲线定义一个能量函数，该能量函数包含内部能量、图像能量和先验约束能量等几个部分。通过最小化能量函数的过程使演化曲线逐步逼近目标真实边界，得到封闭平滑的最终边界。

主动轮廓模型可分为 Snake 主动轮廓模型和 Level Set 主动轮廓模型两种[109]。Snake 主动轮廓模型的演化曲线由内部能量和外部能量控制，内部能量使演化曲线保持连续和光滑，外部能量使演化曲线逐步向图像边缘演化。Chan – Vese 主动轮廓模型是目前使用最广泛的 Level Set 主动轮廓模型。主动轮廓模型方法主要用于从图像中分割出单个形状复杂的非刚性目标。目前一些学者结合待分割目标的灰度、纹理或形状特性，扩展传统主动轮廓模型能量函数[110-116]，实现对粘连目标的分割。

# 1.3 荞麦剥壳性能参数在线检测的关键问题和研究内容

## 1.3.1 荞麦剥壳性能参数在线检测的关键问题

在用机器视觉的方法对农作物籽粒进行检测、分级和分类等应用中存在以下问题，并且本书的研究也存在同样的问题。

**1. 被图像采集的农作物籽粒的运动方式以及图像采集的方式**

使用机器视觉的方法对农作物籽粒进行在线检测与分析，必然要求籽粒以一定的数量连续不断地通过图像采集设备的视场范围。如果后期图像处理环节没有籽粒粘连分割的功能，就需要设计专门的机械结构将运动中的不同籽粒完全分开。如果有软件部分的粘连分割功能，还要考虑控制籽粒数量和防止籽粒堆积现象的产生。使用传送带运载待检测籽粒通过图像采集设备的视场范围是现在使用最广泛的一种方式，但是如果将这种方式应用于荞麦剥壳性能的在线检测，就意味着需要对现有荞麦剥壳机组的结构和剥壳流程做较大的改动，这种做法不但成本高，也不利于研究成果的推广，尤其不利于面向存量设备的升级改造。也有研究人员尝试过在籽粒的自然下落过程中对其进行图像采集，但籽粒的运动速度较快，对照明和图像采集设备的性能要求较高，同时对籽粒数量和堆积现象的控制也是一个难点。

2. 图像中籽粒的背景分割和粘连分割

图像分割一直以来都是图像处理领域最难处理的问题，同时也是研究的热点领域。本书研究内容的图像处理部分所针对的是动态采集到的运动荞麦籽粒图像，其图像质量较静态采集的图像差，并且图像中籽粒数量多，单个籽粒面积小，籽粒之间有大量的各种形态的粘连现象。本书研究的核心内容是统计在线采集到的荞麦剥出物图像中未剥壳荞麦、完整荞麦米以及碎荞麦米的个数，根据其比例关系确定荞麦剥壳机的剥壳性能。正确统计不同类型荞麦籽粒个数的前提是能够正确识别荞麦籽粒的类型。而正确识别荞麦籽粒类型的前提是能够将单个荞麦籽粒正确地分割出来。因此，荞麦籽粒的图像分割是研究中最为重要且最难解决的部分，分割的正确率直接决定了整个研究任务能否成功。

3. 分类器对籽粒类型识别的正确率及算法的时效性

模式识别技术经过许多年的迅猛发展，不仅理论日趋成熟，其在科学研究和实际工程中也得到了广泛的应用。基于统计学特性的方法、判别函数的方法、聚类分析的方法、神经网络的方法、基于模糊理论的方法等众多模式识别方法以及各种方法的交叉组合有时会令人眼花缭乱，无所适从，新颖的理论可能不一定适用于荞麦分类问题，去繁从简的方法也许会在实际应用中有良好的效果。由于荞麦剥壳性能的检测需要在线进行，所以选择一种适合进行荞麦籽粒分类的分类器设计方法，需要在分类的准确率和时效性之间进行平衡。

## 1.3.2 荞麦剥壳性能参数在线检测的研究内容

荞麦剥壳机出料口剥出物中未剥壳荞麦、完整荞麦米、碎荞麦米的相对含量反映了荞麦剥壳机的剥壳性能。目前荞麦剥壳性能参数的检测完全由人工方式进行，没有一种客观的在线检测方法。本书研究了一种基于机器视觉的荞麦剥壳性能参数在线检测方法，内容涉及荞麦剥出物图像获取的方法、图像的插值重建及预处理、图像背景分割和粘连分割、荞麦籽粒特征提取与选择、不同类型荞麦籽粒的快速标注以及使用BP神经网络方法对荞麦剥出物中的不同成分进行识别。具体研究内容如下。

（1）在荞麦剥壳机出料口和振动分离筛之间设置一块荞麦籽粒滑动托板，使被采样的荞麦剥出物依靠自身重力沿这块滑动托板板面自然滑落，并在滑落过程中被采集图像。为了获得荞麦剥出物清晰无拖影的图像并且使滑动托板上荞麦籽粒之间无堆积，相应地进行照明光源、取料匀料机构和试验台架的设计研究，同时进行了图像采集设备的选型和试验。

（2）进行图像预处理研究，研究对荞麦剥出物图像进行插值重建以减少荞麦籽粒边缘处的拉链效应。研究使用空间域滤波算法减弱由噪声造成的图像中的伪彩色。研究应用图像增强算法增强荞麦籽粒与背景之间的对比度。

（3）研究适用于荞麦剥出物图像的背景分割方法，使二值化后的荞麦剥出物图像中小面积碎荞麦米无丢失、未剥壳荞麦和完整荞麦米无孔洞且外形完整。

（4）研究粘连荞麦籽粒的图像分割方法，达到较高的正确分割率，并且分割速度能够满足在线应用的需求。

（5）研究对荞麦剥出物图像中各种类型荞麦籽粒的快速标注方法，满足分类器训练和测试对样本数量的要求。

（6）研究荞麦籽粒特征的提取和选择方法，设计一种识别准确率能够满足实用需求的荞麦籽粒分类器。

针对荞麦剥壳性能在线检测的研究内容，本书规划的研究流程如图1所示。

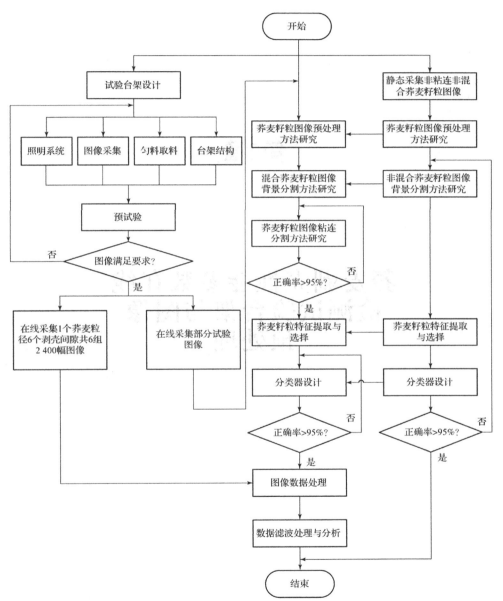

**图 1　荞麦剥壳性能参数在线检测方法研究流程**

# 第2章

# 荞麦剥壳性能参数在线检测试验台架与图像预处理

# 2.1　荞麦剥壳机组与试验台架

## 2.1.1　荞麦剥壳机组

荞麦剥壳机组和试验台架如图 2 所示，预分级未剥壳荞麦物料经斗式提升机送入料斗，在重力作用下进入荞麦剥壳机进行剥壳处理。在荞麦剥壳机出料口末端，吸风分离器将混合物中轻的荞麦壳、小碎米和粉尘分离后，较重的未剥壳荞麦、完整荞麦米和碎荞麦米（简称"剥出物"）自吸风分离器落料口落入振动分离筛前端，振动分离筛后端剥出物中的未剥壳荞麦（占出料总量的 80% 以上）回流至斗式提升机，进入下一次剥壳循环，将完整荞麦米和碎荞麦米作为成品分别进行收集。这种轻碾多次的去壳方式以 8%~15% 的出米率反复进行。未剥壳荞麦循环一次耗时 10 min。

**图 2　荞麦剥壳机组与试验台架**

1—斗式提升机；2—料斗；3—剥壳机；4—吸风分离器落料口；5—振动分离筛；
6—吸风分离器；7—光源与图像采集装置；8—荞麦籽粒滑动托板

荞麦剥壳性能在线检测试验台架位于吸风分离器落料口与振动分离筛之间。自吸风分离器落料口落下的剥出物大部分直接落入振动分离筛，小部分沿一块荞麦籽粒滑动托板滑动落入振动分离筛。荞麦籽粒滑动托板上的剥出物经 LED 光源强化照明并由图像采集装置进行图像采集。

图 3 所示为荞麦剥壳循环流程，未剥壳荞麦物料由斗式提升机的送料管道（箭头 1 所示）送入荞麦剥壳机的料斗。荞麦剥壳机的入料量由料斗下部出料口处的挡板（箭头 2 所示）控制。为了在试验中能方便地调整剥壳间隙，荞麦剥壳机的外壳不进行密封固定安装，使用软性塑料布对外壳包裹（箭头 3 所示）以避免籽粒飞溅。荞麦剥壳机剥壳后的混合物落入吸风分离器落料口（箭头 4 所示），较轻的荞麦壳、碎荞麦米和粉尘从吸风分离器落料口上部被吸走，剥出物自吸风分离器落料口落入振动分离筛（箭头 5 所示）。剥出物从振动分离筛前部向尾部运动的过程中被分离为完整荞麦米、未剥壳荞麦和碎荞麦米 3 种成分，这 3 种成分分别自振动分离筛尾部的 3 个出口（箭头 6、7 和 8 所示）流出。未剥壳荞麦落入斗式提升机的回料口（箭头 9 所示）与给料口（箭头 10 所示）的荞麦物料混合进入下一次剥壳循环流程。

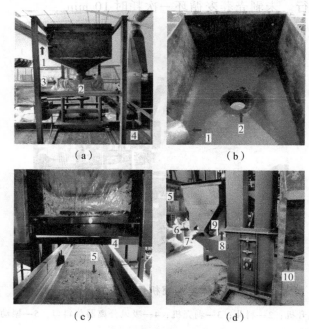

**图 3 荞麦剥壳循环流程**

（a）荞麦剥壳机；（b）料斗内部；（c）吸风分离器落料口；（d）振动分离筛尾部

## 2.1.2　荞麦籽粒的取料匀料

机器视觉技术应用于农产品的检测、分级和分类应用，需要连续采集运动对象的图像时，最常采用的是传动带的方式，由传动带上方的图像采集设备对传动带上连续不断出现的农产品进行图像采集，这种方式通常需要为传动带设计专门的结构和工作流程，且成本较高。

本书的试验采用了一种对剥壳机组现有机械结构和剥壳流程扰动小且经济性较好的荞麦籽粒图像获取方式，这种方式是使剥出物在一块滑动托板上滑落，在剥出物动态滑落过程中由工业相机对其进行图像采集。图 4 所示为本书试验中所使用的荞麦籽粒滑动托板，它位于吸风分离器落料口和振动分离筛之间，由底部托板（箭头 1 所示）和上部滑动板（箭头 2 所示）组成，使用拼板夹（箭头 3 所示）固定。荞麦籽粒滑动板材质为浅蓝色铝塑板，表面镀二氧化硅涂层以增加耐磨性和提高光滑度。荞麦籽粒滑动托板顶部位于吸风分离器落料口正下方（箭头 4 所示）承接部分剥出物落到板上。

**图 4　荞麦籽粒滑动托板**

为了避免滑动中荞麦籽粒堆积，荞麦籽粒滑动托板上端安装有节流挡板和振动电动机，在限制剥出物数量的同时对荞麦籽粒进行振动分散。图 5

（a）所示为振动电动机及其在荞麦籽粒滑动托板上的安装位置。振动电动机型号为 RS－545ZD，质量 170 g，直径为 36 mm，机身不含轴长度为 50 mm，含轴总长度为 70 mm，工作电压为直流 24 V，转速为 4 500 ~ 9 000 r/min。图 5（b）所示为振动电动机的 PWM（Pulse Width Modulation）调速器，调速类型为电流调速，持续功率为 180W，输入电压为 6 ~ 30 V，控制电位器的可调电压范围为 0 ~ 5 V，控制频率为 15 kHz，脉宽调制范围为 0% ~ 100%，有正转、停止和反转开关。图 5（c）所示为振动电动机的可调直流电源。

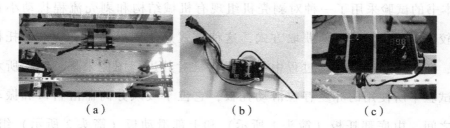

（a） （b） （c）

**图 5 振动电动机**

（a）振动电动机及其在荞麦籽粒滑动托板上的安装位置；（b）PWM 调速器；（c）可调直流电源

图 6（c）显示了没有控制好落在荞麦籽粒滑动托板上的剥出物数量的情况，由于荞麦剥壳机砂盘顺时针高速转动，吸风分离器落料口处有甩出效应，导致板上左面籽粒数量较右边明显偏多，且由于籽粒总体数量多，板上籽粒之间有严重的堆积。图 6（a）所示为调节节流挡板与荞麦籽粒滑动托板间距，使其左窄（箭头 1 所示）右宽（箭头 2 所示），中间位置宽度为 15 mm。图 6（b）所示为使荞麦籽粒滑动托板前端在吸风分离器落料口 1/3 处接料（箭头 3 所示）以减少落在板上的籽粒数目。如图 6（d）所示，经过调节节流挡板和荞麦籽粒滑动托板接料位置后板上的剥出物分布明显有改善，但还有条带状分布特征。如图 6（e）所示，使用了振动电动机后剥出物的分布均匀且无堆积。节流挡板除了可以限制落在荞麦籽粒滑动托板上的剥出物数量之外，还有一个重要功能是减少籽粒落到板上时的飞溅和振动电动机引起的籽粒跳动。由图 6（f）可以看到，局部图像中只有一个籽粒有跳动（箭头 3

所示）而产生了阴影，其余籽粒都是滑动下落而未产生阴影。调节振动电动机的供电电压为 19 V，以避免振动幅度过大和频率过高对工业相机采集效果产生影响。

（a）　　　　　　（b）　　　　　　（c）

（d）　　　　　　（e）　　　　　　（f）

**图 6　节流挡板及效果**

## 2.1.3　图像采集与处理设备

图像采集设备包括工业相机和镜头，如图 7 所示。工业相机选用大恒 MER－302－56U3C，其采用全局快门、彩色 CMOS 感光芯片，图像分辨率为 2 048 像素×1 536 像素，配用 LM6NCM 型 KOWA 定焦镜头，焦距为 6 mm，最大光圈为 F1.2。工业相机通过 USB3.0 线缆与台式计算机相连，在台式计算机上完成图像的采集、处理和分析。试验使用的台式计算机 CPU 为 i7－6700，内存为 8 GB，使用固态硬盘（SSD），操作系统为 64 位 Windows 7。图像处理软件使用 MATLAB2016a 开发完成。

**图7　工业相机和镜头**

## 2.1.4　照明光源

照明光源在荞麦籽粒滑动托板上方平行布置，为 600 mm × 600 mm × 10 mm 的带框平板结构，如图 8（a）所示，底部正中开 4 mm × 5 mm 的方孔（箭头 1 所示）供工业相机嵌入式安装，底板除中部开孔处以外，在 600 mm × 500 mm 范围内等间隔布置 720 个 5730 型贴片式 LED。照明光源也可外覆聚碳酸酯光扩散板以减少光照不均匀的现象，如图 8（b）所示。由于剥出物的快速滑落，工业相机的快门时间短，需要强的光照条件配合才能使采集到的剥出物图像清晰无拖影。照明光源在不覆光扩散板的情况下，可给下方荞麦籽粒滑动托板表面提供 $3.77 \times 10^4$ lx 的光照强度（箭头 3 所示），如果外覆了光扩散板，可给下方荞麦籽粒滑动托板表面提供 $2.48 \times 10^4$ lx 的光照强度（箭头 2 所示）。由于本书在图像的背景分割过程中较好地克服了光照不均匀产生的不利影响，故没有采用外覆光扩散板的方式。图 8（d）所示为照明光源在荞麦籽粒滑动托板上形成的光照强度分布。为了避免荞麦籽粒在粗糙表面滑动产生阻滞及跳动的现象，荞麦籽粒滑动托板表面选用光滑的铝塑板并在其上镀二氧化硅涂层以提高光滑度，这导致荞麦籽粒滑动托板表面有镜面效果。箭头 4 和箭头 5 处的暗区是因为照明光源上这个位置 LED 没有布置所导致。箭头 6 处显示了光源边缘产生的暗边。箭头 7 处的暗区是镜头光圈开度最大时的暗角效应所产生的。

（a）　　　　　　　　（b）

（c）　　　　　　　　（d）

**图 8　照明光源**

后期的图像处理与分析期望采集到的剥出物图像具有籽粒分布均匀、数目多而不过度粘连、清晰无拖影等特性，这需要在正式采集图像前确定试验台架的参数。经过预试验，确定吸风分离器落料口开度为 60 mm，荞麦籽粒滑动托板顶部在吸风分离器落料口 1/3 处接料，节流挡板开度为 15 mm 时，在 370 mm×280 mm 的视场范围内有 900 粒左右均匀分布无堆积的籽粒。剥出物通过视场的时间为 0.25～0.4 s。照明光源距下方荞麦籽粒滑动托板 390 mm，镜头距下方荞麦籽粒滑动托板 310 mm。在前述的光照和物距条件下，当工业相机的快门时间设定为 300 μs，镜头光圈设定为 $F1.2$ 时，采集到的剥出物图像清晰无拖影。

# 2.2　荞麦籽粒图像的插值重建

## 2.2.1　工业相机中的颜色滤波阵列

作为机器视觉应用领域中的主要图像采集设备，工业相机相对消费级别的数码相机具有以下优点。

（1）输出的裸数据有较宽的光谱范围，适用于高质量图像处理需求。

（2）性能稳定可靠，体积小易安装，结构不易损坏，可长时间在严苛的环境下使用。

（3）快门时间短，可以抓拍高速运动的对象。

（4）具有适用于各种不同应用场景的接口类型，可以以较高的帧率传输图像数据，也可以接收其他设备的信号进行同步控制。

荞麦剥壳机组长时间在温度变化范围大、高粉尘的恶劣环境中运行，同时基于机器视觉的荞麦剥壳性能参数在线检测需要采集快速运动的荞麦剥出物图像，这使工业相机成为唯一可选择的图像来源。

如图9所示，工业相机主要由图像采集、图像处理、图像存储和通信接口4个模块构成。图像采集模块的核心部件是CCD（Charged Coupled Device）或CMOS（Complementary Metal Oxide Semiconductor）感光器件，该模块负责将光信号转换为电信号后再进行模拟信号到数字信号的转换。图像处理模块的主要组成部分是一个高集成度的专用芯片，它接收到图像采集模块形成的数字图像信号后，对数字图像进行包括插值、自动白平衡、去噪、曝光控制、对比度增强、色彩饱和度增强以及锐化等处理操作，使最终输出的数字图像质量满足大多数实际应用的需求。工业相机数据通信接口有 Giga EtherNet、Camera Link、FireWire 1394、USB 等多种形式，这些不同数据通信形式的主要目标都是不断提高工业相机的数据传输速率，以便能够提供更高的图像帧率，满足高速应用的需求。

**图 9　工业相机的构成**

工业相机的图像采集模块内部构成如图 10 所示。由于图像传感器中的 CCD 或 CMOS 感光器件只能感知光线的强弱而不能感知颜色的不同，为了采集到彩色图像，彩色工业相机的通常做法是在感光器件前加装颜色滤波阵列（Color Filter Array，CFA）。CFA 滤除了光谱中除红、绿和蓝三基色之外的所有成分，使不同的光敏像元分别感知三基色 RGB 中不同颜色光线的强度。

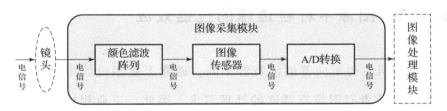

**图 10　工业相机的图像采集模块内部构成**

CFA 有两种结构。一种是三片式结构，每个滤光片只能通过红色、绿色和蓝色中的一种颜色，但由于生产工艺难度大和成本高，这种结构现在只在高性能且昂贵的专业图像采集设备中使用。一般应用领域的工业相机采用的是另外一种单片 CFA 结构，如图 11 所示，即在一个滤光片上交替镶嵌红色、绿色和蓝色滤光格点。这些格点的排列有多种方式，目前市场上占绝对主流的是图 11 所示的 2 个绿色、1 个红色和 1 个蓝色的 Bayer 格式。

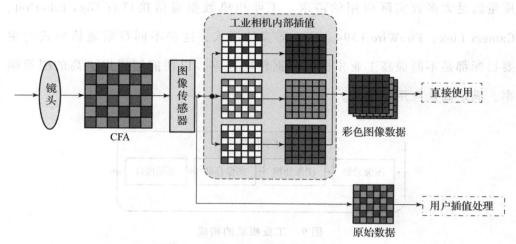

**图 11　单片 CFA 结构的工业相机**

如果采用单片 CFA 结构，图像传感器中的每个光敏像元只能采样一种颜色的亮度信号，对应数字图像中的像素点缺失了另两种颜色的信息，因此需要根据周围像素点已有的颜色信息估算出这个像素点缺失的颜色信息，这种估算操作称为颜色插值。

## 2.2.2　图像中籽粒边缘的拉链效应

与数码相机主要面向普通消费者不同，通常工业相机的用户具有一定的二次开发能力或者对图像有特殊的处理需求。因此，工业相机生产商一般只给用户提供使用最基本的插值算法进行颜色插值后形成的彩色图像，或者可以选择直接使用图像传感器形成的 Raw Data 格式图像。

工业相机中最常使用的颜色插值算法是最邻近插值算法和双线性插值算法。

### 1. 最邻近插值算法

最邻近插值算法是最简单且运算速度最快的颜色插值算法，它在插值过程中没有计算，对某个像素点缺失的颜色分量通过其最近的像素点中已有的该分量的值代替。例如，绿色分量的插值如图 12 所示，图中 R12 的周围有 4 个最邻近绿色像素点 G7、G11、G13 和 G17，最邻近插值算法以左边像素点 G11 的值作为 R12 像素点的绿色分量值，依此类推，B8、R14 和 B18 像素点的绿色分量值分别为 G7、G13 和 G17 像素点的值。

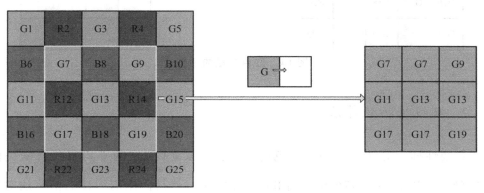

**图 12　绿色分量的插值**

蓝色分量的插值如图 13 所示，绿色和红色像素点处邻近蓝色像素点的选择遵循左、上、左斜上的原则，例如 G7 像素点左、右有 B6 和 B8 像素点，算法中选择左边 B6 像素点的值作为 G7 像素点的蓝色分量值。G13 像素点上、下有 B8 和 B18 像素点，选择 B8 像素点的值作为 G13 像素点的蓝色分量值，与 R14 像素点最邻近的蓝色像素点有 B8、B10、B18 和 B20，选择左斜上角的 B8 像素点作为 R14 像素点的蓝色分量值。红色分量的插值如图 14 所示，与蓝色分量的插值完全相同，也是遵循左、上、左斜上的选择原则。

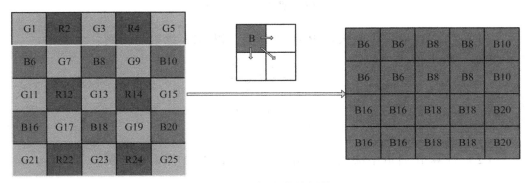

**图 13　蓝色分量的插值**

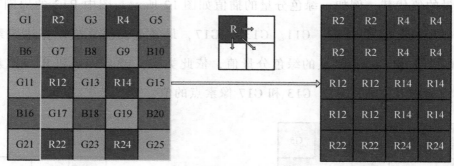

**图 14　红色分量的插值**

### 2.双线性插值算法

双线性插值算法是在一个颜色通道中,用 $3 \times 3$ 邻域的平均值代替缺失的颜色分量。Bayer 在 1976 年提出 Bayer 阵列时,就是使用双线性插值算法对缺失的颜色进行颜色插补。以图 15 为例,双线性插值算法的计算过程如下。

| B11 | G12 | B13 | G14 | B15 |
| G21 | R22 | G23 | R24 | G25 |
| B31 | G32 | B33 | G34 | B35 |
| G41 | R42 | G43 | R44 | G45 |
| B51 | G52 | B53 | G54 | B55 |

**图 15　双线性插值示例**

(1)计算 G 通道中缺失的 R 和 B 分量,以 G23 像素点为例:

$$R_{23} = \frac{R_{22} + R_{24}}{2}$$

$$B_{23} = \frac{B_{13} + B_{33}}{2}$$

(2)计算 R 通道中缺失的 G 和 B 分量,以 R22 像素点为例:

$$G_{22} = \frac{G_{12} + G_{21} + G_{23} + G_{32}}{4}$$

$$B_{22} = \frac{B_{11} + B_{13} + B_{31} + B_{33}}{4}$$

（3）计算 B 通道中缺失的 G 和 R 分量，和（2）中方法相同，以 B33 像素点为例：

$$G_{33} = \frac{G_{23} + G_{32} + G_{34} + G_{43}}{4}$$

$$R_{33} = \frac{B_{22} + B_{24} + B_{42} + B_{44}}{4}$$

最邻近插值算法和双线性插值算法只利用了单个颜色通道内颜色的相关性，没有使用颜色通道之间的相关性。又由于在插值过程中对平坦区域和边缘不加以区别，所以工业相机使用最邻近插值算法或双线性插值算法生成的彩色图像在平坦区域效果尚可，但在颜色突变的边缘区域会形成较为严重的伪彩色和拉链效应。图 16（a）所示为试验中在线采集到的荞麦籽粒图像局部，可以看出荞麦籽粒与蓝色背景之间边缘区域的像素点颜色种类多，且颜色之间呈一定的规律交错排列，这种现象称为颜色插值中形成的拉链效应。拉链效应会对基于颜色特征的背景分割造成一定的不利影响。图 16（b）所示是使用最大类间方差算法对图 16（a）进行背景分割后形成的二值图像。可以看出边缘区域那些因拉链效应产生颜色跃变的像素点处，背景分割时形成了很多孤立的前景像素点。在进行下一步图像处理前，必须采取一定的方

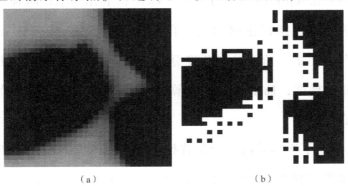

（a）　　　　　　　　　　（b）

**图 16　拉链效应**

（a）荞麦籽粒边缘的拉链效应；（b）拉链效应导致的分割错误

法将这些像素点的影响处理掉，并且有时处理的效果也并不一定理想。如果在颜色插值时使用插值效果更好的算法以避免产生拉链效应，就能够很好地降低后续图像处理环节的复杂度，提升待处理图像的质量。

## 2.2.3　带二阶拉普拉斯修正项的边缘自适应插值算法

边缘是图像的重要特征，它携带了图像的很多有效信息。边缘处最明显的特征是出现了颜色或灰度的突然变化。最近邻插值算法和双线性插值算法在边缘处产生拉链效应的原因是它们在插值时不对是否处于边缘进行判断，使用同一种插值规律进行插值。当插值方向与边缘的法向量方向一致时，边缘处的颜色突变会造成依靠周围像素点颜色值所估算出的颜色值产生不自然的跃变，这种颜色值的间隔跳跃变化类似拉链的形态结构。

利用空间域一阶微分和二阶微分可以有效地检测出图像中的边缘。如果在图像插值时使用微分进行边缘检测，然后根据边缘的方向，沿颜色梯度变化小的方向进行插值，就可以有效地减弱穿过边缘插值而引起的拉链效应和伪彩色。HIBBARD 的一阶微分插值算法[117]、LAROCHE 的二阶微分插值算法[118]就是这些算法中的典型代表。

HAMILTON 和 ADAMS 综合了 HIBBARD 和 LAROCHE 两种算法的优点，提出了带二阶拉普拉斯修正项的边缘自适应插值算法[119]。该算法使用亮度分量（绿色分量）的一阶微分和色度分量（红色分量和蓝色分量）的二阶微分组合定义颜色梯度，插值时首先计算像素点处的梯度，然后沿着梯度小的方向进行插值计算。

式（1）描述了连续域的二阶拉普拉斯算子在图像中退化为相邻像素点的差分运算。水平方向的二阶拉普拉斯算子为 $\Delta H = f(i+1,j) + f(i-1,j) - 2f(i,j)$。垂直方向的二阶拉普拉斯算子为 $\Delta V = f(i,j+1) + f(i,j-1) - 2f(i,j)$。$f(i,j)$ 是像素点 $(i,j)$ 处的色度分量。

$$\Delta f = \frac{\partial^2 f}{\partial x^2} + \frac{\partial^2 f}{\partial y^2}$$

$$
\begin{aligned}
\frac{\partial^2 f}{\partial x^2} = \frac{\partial G_x}{\partial x} &= \frac{\partial\left[f(i,j) - f(i-1,j)\right]}{\partial x} = \frac{\partial f(i,j)}{\partial x} - \frac{\partial f(i-1,j)}{\partial x} \\
&= \left[f(i+1,j) - f(i,j)\right] - \left[f(i,j) - f(i,-1j)\right] \\
&= f(i+1,j) - 2f(i,j) + f(i-1,j)
\end{aligned}
$$

(1)

$$
\begin{aligned}
\frac{\partial^2 f}{\partial y^2} = \frac{\partial G_y}{\partial y} &= \frac{\partial\left[f(i,j) - f(i,j-1)\right]}{\partial y} = \frac{\partial f(i,j)}{\partial y} - \frac{\partial f(i,j-1)}{\partial y} \\
&= \left[f(i,j+1) - f(i,j)\right] - \left[f(i,j) - f(i,j-1)\right] \\
&= f(i,j+1) - 2f(i,j) + f(i,j-1)
\end{aligned}
$$

$$\Delta f = f(i+1,j) + f(i-1,j) + f(i,j+1) + f(i,j-1) - 4f(i,j)$$

带二阶拉普拉斯修正项的边缘自适应插值算法计算过程如下。

（1）计算 R 和 B 通道中缺失的 G 分量，以图 17 为例，计算 B5 像素点处缺失的 $G_5$。

如式（2）所示，定义水平梯度 $\Delta H$ 和垂直梯度 $\Delta V$。

$$
\begin{aligned}
\Delta H &= \left| G_4 - G_6 \right| + \left| B_3 + B_7 - 2 \times B_5 \right| \\
\Delta V &= \left| G_2 - G_8 \right| + \left| B_1 + B_9 - 2 \times B_5 \right|
\end{aligned}
$$

(2)

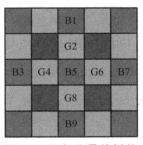

**图 17　绿色分量的插值**

缺失的 $G_5$ 的计算过程如下。

$$\text{IF } \Delta H < \Delta V$$

$$G_5 = (G_4 + G_6)/2 + (B_3 + B_7 - 2 \times B_5)/4$$

$$\text{ELSE IF } \Delta H > \Delta V$$

$$G_5 = (G_2 + G_8)/2 + (B_1 + B_9 - 2 \times B_5)/4$$

ELSE

$$G_5 = (G_2 + G_8 + G_4 + G_6)/4 + (B_1 + B_3 + B_7 + B_9 - 4 \times B_5)/8$$

END

（2）计算 R 通道中缺失的 R 分量，以图 18 为例，计算过程分为 3 种情况。

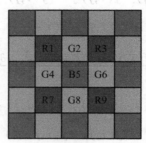

**图 18　红色分量的插值**

①G 像素点处邻近的 R 分量呈列分布，以计算 G4 像素点处缺失的 $R_4$ 为例：

$$R_4 = \frac{R_1 + R_7}{2} + \frac{G_4 - G_1 + G_4 - G_7}{4}$$

②G 像素点处邻近的 R 分量呈行分布，以计算 G2 像素点处缺失的 $R_2$ 为例：

$$R_2 = \frac{R_1 + R_3}{2} + \frac{G_2 - G_1 + G_2 - G_3}{4}$$

③B 像素点处的 R 分量，以计算 B5 像素点处缺失的 $R_5$ 为例。

如式（3）所示，定义负对角线方向梯度 $\Delta N$ 和正对角线方向梯度 $\Delta P$。

$$\Delta N = |R_1 - R_9| + |G_1 + G_9 - 2 \times G_5|$$
$$\Delta P = |R_3 - R_7| + |G_3 + G_7 - 2 \times G_5| \tag{3}$$

缺失的 $R_5$ 的计算过程如下。

IF $\Delta N < \Delta P$

$$R_5 = (R_1 + R_9)/2 + (G_1 + G_9 - 2 \times G_5)/4$$

ELSE IF $\Delta N > \Delta P$

$$R_5 = (R_3 + R_7)/2 + (G_3 + G_7 - 2 \times BG)/4$$

ELSE

$$R_5 = (R_1 + R_3 + R_7 + R_9)/4 + (G_1 + G_3 + G_7 + G_9 - 4 \times G_5)/8$$

END

（3）计算 B 通道中缺失的 B 分量，与（2）中计算 R 通道中缺失的 R 分量方法相同。

本书试验中使用带二阶拉普拉斯修正项的边缘自适应插值算法对工业相机在线采集到的荞麦籽粒图像进行重新插值，插值后图像局部效果如图 19 所示。对比图 16 可以看出，荞麦籽粒与蓝色背景之间边缘区域的拉链效应明显减弱，由原来的色彩交错变为渐变单一色调。使用最大类间方差算法做背景分割后，边缘处显著减少了分割误差，二值图像籽粒边缘处无拉链效应导致的孤立像素点。

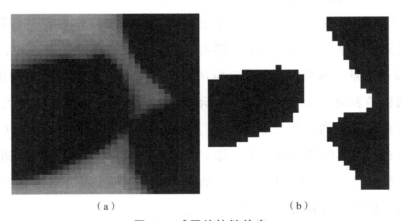

（a）　　　　　　　　　　　　　（b）

**图 19　减弱的拉链效应**

（a）拉链效应的减弱效果；（b）拉链效应减弱后的背景分割

# 2.3 荞麦籽粒图像的增强

## 2.3.1 荞麦籽粒图像中的伪彩色

由于本书为了得到快速滑落运动荞麦籽粒的无拖影图像，所以将工业相机的快门时间设置为 300 μs 左右，采集到的图像整体偏暗。这导致 CMOS 图像传感器产生的噪声在图像中比例相对较高，图像信噪比较低，荞麦籽粒图像中出现由噪声造成的较为明显的伪彩色现象。

试验中使用表面镀有二氧化硅涂层的浅蓝色铝塑板作为荞麦籽粒滑动托板，其表面光洁平滑，具有类似镜面的效果，但在采集到的图像中，如图 20（a）中蓝色背景区域所示的荞麦籽粒滑动托板，表现为具有雪花状细腻不规则纹理的粗糙表面。在图 20（b）所示的背景区域局部放大图像中可以看出，应该具有相同蓝色的一些像素点出现了深浅不一的紫色、绿色及其他颜色。这种偏离正常颜色的伪彩色是由图像中的噪声经颜色插值形成的。图 20（c）中破损籽粒和图 20（d）中完整荞麦米表面的伪彩色相对背景区域更为明显。这是因为表面的凸凹和反光形成了纹理边缘，插值过程中过边缘和噪声造成的插值误差叠加，产生更为严重的伪彩色现象。这种在初始阶段形成的伪彩色会传导到后续的整个图像处理流程，对图像分割、颜色特征提取及籽粒识别造成不利影响。由于伪彩色产生的主要原因是图像中存在噪声，所以可以使用图像滤波的方法对其进行抑制。

## 2.3.2 荞麦籽粒图像的空间域滤波

图像滤波是图像预处理中必不可少的步骤，其目的是在尽可能保留图像

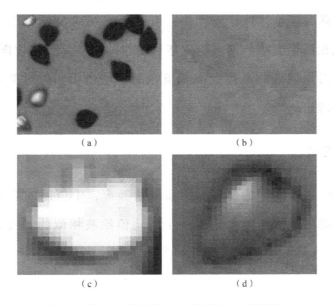

**图 20　荞麦籽粒图像中的伪彩色（附彩插）**

（a）荞麦籽粒滑动托板；（b）背景区域局部放大图像；

（c）破损籽粒图像中的伪彩色；（d）完整荞麦米图像中的伪彩色

细节的情况下对图像中的噪声进行抑制和去除。图像滤波效果的好坏直接影响后续图像处理环节的效果。常见的空间域图像滤波算法有均值滤波、中值滤波和高斯滤波。

### 1. 均值滤波

均值滤波是使用一个滤波模板在图像上遍历，其模板中心像素点的灰度值用模板内所有像素点灰度值的平均值代替。如式（4）所示，$g(x,y)$ 表示原始图像，$f(x,y)$ 表示滤波后的图像，$s_{xy}$ 表示大小为 $m \times n$ 的滤波模板。

$$f(x,y) = \frac{1}{mn} \sum_{(x,y) \in s_{xy}} g(x,y) \tag{4}$$

滤波模板通常使用对称的结构，如 $3 \times 3$、$5 \times 5$ 的滤波模板，如下所示。

$$\frac{1}{9}\begin{bmatrix} 1 & 1 & 1 \\ 1 & 1 & 1 \\ 1 & 1 & 1 \end{bmatrix}, \quad \frac{1}{25}\begin{bmatrix} 1 & 1 & 1 & 1 & 1 \\ 1 & 1 & 1 & 1 & 1 \\ 1 & 1 & 1 & 1 & 1 \\ 1 & 1 & 1 & 1 & 1 \\ 1 & 1 & 1 & 1 & 1 \end{bmatrix}$$

均值滤波算法简单，计算速度快，但由于是在滤波模板范围内对灰度值作平均，因此在图像去噪的同时也破坏了图像的细节部分，使图像变得模糊。均值滤波算法对周期性的干扰噪声有很好的抑制作用，但对孤立噪声点的滤除效果不是很理想。

## 2. 中值滤波

针对图像中的脉冲干扰信号，例如椒盐噪声，中值滤波算法有较好的滤除效果。中值滤波算法也需要使用一个与均值滤波相似的滤波模板。中值滤波的 $3 \times 3$、$5 \times 5$ 滤波模板如下所示。

$$\text{mid} \begin{bmatrix} 1 & 1 & 1 \\ 1 & 1 & 1 \\ 1 & 1 & 1 \end{bmatrix}, \ \text{mid} \begin{bmatrix} 1 & 1 & 1 & 1 & 1 \\ 1 & 1 & 1 & 1 & 1 \\ 1 & 1 & 1 & 1 & 1 \\ 1 & 1 & 1 & 1 & 1 \\ 1 & 1 & 1 & 1 & 1 \end{bmatrix}$$

mid 表示取滤波模板中所有数据的中值。中值滤波算法的原理如下。

（1）以滤波模板的中心点为基点，将滤波模板在图像中遍历。

（2）滤波模板中心在某一像素点上时，得到该像素点和滤波模板对应范围内像素点的灰度值。

（3）求这些灰度值的中间值。

（4）将得到的中间灰度值赋给这个中间点。

（5）图像遍历完后，所有像素点的灰度值都由它和周围像素点灰度值的中间值替代。

从中值滤波算法的原理可以看出，它不是简单地取均值，而是取周围一组像素点的中间值。因此，灰度值过大或过小的孤立点噪声能够被有效地滤除，同时相对均值滤波对边缘产生的模糊比也较少。

### 3. 高斯滤波

高斯滤波算法的原理和均值滤波算法的原理类似，都是取滤波模板内像素点的均值作为中心点的像素值，但其滤波模板系数与均值滤波算法不同。均值滤波算法的滤波模板系数都为 1，而高斯滤波算法的滤波模板系数随着与滤波模板中心距离的增大而减小，其原理见式（5）和式（6）。

$$f(x,y) = \sum_{(x,y) \in s_{xy}} g(x,y) \times h(x,y) \tag{5}$$

$$h(x,y) = \frac{1}{2\pi\sigma^2} e^{-\frac{x^2+y^2}{2\sigma^2}} \tag{6}$$

式中，$g(x,y)$ 表示原始图像，$f(x,y)$ 表示滤波后的图像，$h(x,y)$ 表示权值，$s_{xy}$ 表示滤波模板，$(x,y)$ 为像素点的坐标。例如在 $\sigma = 1.5$ 时经过加权的 $3 \times 3$ 高斯滤波模板为

$$\begin{bmatrix} 0.0947416 & 0.118318 & 0.0947416 \\ 0.118318 & 0.147761 & 0.118318 \\ 0.0947416 & 0.118318 & 0.0947416 \end{bmatrix}$$

在使用这个 $3 \times 3$ 高斯滤波模板对图像进行滤波时，是将高斯滤波模板范围内的 9 个像素值与高斯滤波模板对应权值分别相乘然后相加作为中心点像素的灰度值。

高斯滤波算法对噪声的平滑效果取决于标准差 $\sigma$，$\sigma$ 越大滤波效果越好。由于滤波后图像的像素值是邻域像素的加权平均值，离中心越近的像素权重越大，所以相对于均值滤波算法，高斯滤波算法的滤波效果更柔和，而且边缘保留得也更好。

以在线采集的荞麦籽粒图像进行滤波效果测试，如图 21 所示。图 21（a）上方是没有经过滤波的荞麦籽粒图像局部，下方是本书所使用的背景分割方法对荞麦籽粒图像进行背景分割后的二值图像。通过二值图像可以看出滤波算法对后续的图像处理环节的作用和影响。图 21（b）～（d）所示是分别

使用滤波半径为 2 的高斯滤波、中值滤波和均值滤波算法滤波后的效果。可以看出，3 种滤波算法对蓝色的背景区域都有较好的平滑效果，使表面粗糙的细纹理淡化消失。但又可以看出，滤波造成了边缘的模糊，这个效应在对应的二值图像中显现得更为清晰。原图像对应的二值图像边缘较为粗糙，滤波后图像的二值图像边缘都显得更为光滑。中值滤波算法的二值图像边缘细节更为丰富，这表明中值滤波算法更适合滤除颗粒噪声，对图像的平滑效果和边缘的模糊相对更弱。由图 21 可以看出，3 种滤波算法中，均值滤波算法的图像平滑效果最好。图像中 3 个闭合粘连籽粒中间的背景区域，在均值滤波算法对应的二值图像中面积最小，说明其具有较强的噪声平滑能力，相对应的是对边缘的模糊和弱化较强。

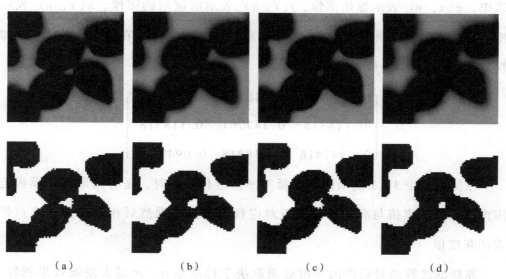

**图 21　荞麦籽粒图像的滤波效果**

（a）未滤波；（b）高斯滤波；（c）中值滤波；（d）均值滤波

本书试验台架上在线采集的荞麦籽粒图像，不可避免地会出现籽粒之间的粘连现象。粘连籽粒的正确分割是后续样本特征计算以及正确识别的先决条件。现有的粘连分割算法一般对弱粘连籽粒有较好的分割效果，评价粘连分割算法的好坏主要体现在对强粘连籽粒的分离效果和能力上。在实际的运用中，除了选用适合应用场景的粘连分割算法外，图像的预处理对最终粘连分割的效果有时也起着决定性的作用。图 22 所示为 4 个强粘连的荞麦籽粒在

滤波算法作用下，图像中背景条件的变化。图 22（a）所示是未经过滤波的
图像和它的二值图像。图 22（b）所示是使用最小滤波模板半径 1 的中值滤
波算法，对原始图像进行滤波后的图像和它的二值图像。从图中可以看出，
高斯滤波、中值滤波和均值滤波 3 种滤波算法中对边缘影响最小的是中值滤
波算法，并且滤波模板半径最小、平滑效果最差时，4 个粘连籽粒中间的非
常小的背景区域由于边缘模糊导致背景分割时被分割成前景。由于本书的粘
连分割算法需要生成前景的距离图像，这个中间区域的消失使籽粒上的距离
值发生了很大的变化。原来这 4 个籽粒中每个籽粒的中心位置都会有局部的
极大值。籽粒中间的背景区域消失后，计算距离值时只能相对于这几个籽粒
的外缘背景区域进行计算，导致这 4 个粘连籽粒区域下面 3 个籽粒的距离极
大值都消失，转而在原来消失的中间背景区域形成了一个距离极大值。这会
使后续依靠极大值标记的粘连分割算法将 3 个籽粒错误地识别为 1 个籽粒，
造成粘连籽粒的错误分割。从人的主观感觉上也可以看出，原来比较容易能
识别出是 4 个粘连籽粒，在中间背景区域消失后，需要依靠籽粒边缘的凸凹
变化判断出这是 4 个粘连籽粒。

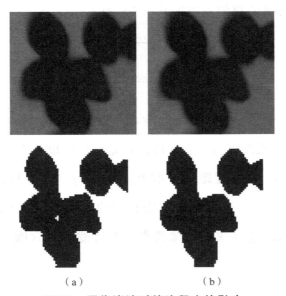

（a）　　　　　　　　　（b）

**图 22　图像滤波对粘连程度的影响**

（a）未滤波；（b）中值滤波

图像可以被看成由梯度较小的平坦区域和梯度较大的边缘构成的。以噪声点为中心，其各个方向上梯度都较大而且相差不多。与区域相比边缘处也会出现梯度的跃变，但边缘只在其法向方向上才会出现较大的梯度，而在切向方向上梯度较小。各向同性滤波因为无法区分噪声和边缘，所以会以相同的方式对待噪声和边缘，结果是噪声被平滑的同时，图像中具有更大信息含量的边缘、纹理和细节也被平滑了。强调在保护边缘的同时进行图像滤波处理这个研究方向上有许多相关的研究成果，双边滤波和引导滤波是这其中具有代表性的方法。

### 4. 双边滤波

双边滤波算法是基于高斯滤波算法的原理并加以改进得到的，在滤波时能更好地对图像边缘信息进行保护。高斯滤波算法是用一个与空间距离相关的高斯权值系数与图像进行卷积运算。双边滤波算法在此基础上增加了一个与灰度距离相关的高斯权值系数，在边缘和平坦区域两个高斯核分别起主要滤波作用。双边滤波的权值系数如式（7）所示。

$$w_s(x,y) = e^{-\frac{(x-x_c)^2 + (y-y_c)^2}{2\sigma_s^2}}$$

$$w_r(x,y) = e^{-\frac{(g(x,y) - g(x_c,y_c))^2}{2\sigma_r^2}} \tag{7}$$

$$w(x,y) = w_s(x,y) \times w_r(x,y)$$

式中，$w_s(x,y)$ 是欧氏距离权值系数，$\sigma_s$ 是欧氏距离标准差。$w_r(x,y)$ 是灰度距离权值系数，$\sigma_r$ 是灰度距离标准差。$w(x,y)$ 是总权值系数。$g(x,y)$ 是像素点的灰度值。$(x,y)$ 为滤波模板中的当前位置。$(x_c,y_c)$ 为滤波模板中心，也就是当前进行滤波的像素点。双边滤波对含噪声图像滤波后的像素值如式（8）所示。

$$f(x,y) = \frac{\sum\limits_{(x,y)\in s_{xy}} w(x,y) \times g(x,y)}{\sum\limits_{(x,y)\in s_{xy}} w(x,y)} \tag{8}$$

式中，$s_{xy}$ 表示滤波模板。由于加入了对灰度信息衡量的权重，在滤波模板内，像素点的灰度值越接近中心点灰度值则权重越大，灰度值相差大的则权重小。由于平坦区域内的像素点灰度值接近，所以双边滤波算法接近高斯滤波算法。在边缘区域，灰度值相差大导致权重小，这样就会减弱边缘区域的平滑效果，从而保护了边缘的细节信息。双边滤波算法效果的比较如图 23 所示。

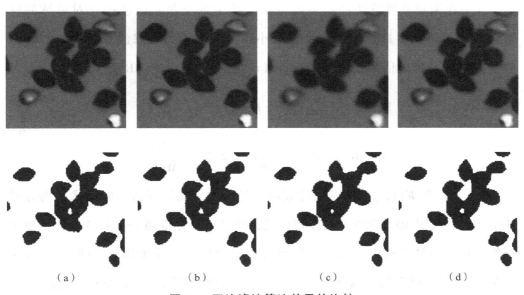

| （a） | （b） | （c） | （d） |

**图 23　双边滤波算法效果的比较**

（a）原图；（b）双边滤波：$\sigma_s = 2$，$\sigma_r = 0.05$；

（c）双边滤波：$\sigma_s = 2$，$\sigma_r = 0.5$；（d）高斯滤波：$\sigma = 2$

图 23（a）为原始图像的部分截图，图 23（b）~（d）是距离标准差都为 2 的双边滤波算法以及高斯滤波算法的 3 个对比图。对比图 23（a）和图 23（b）可以看出，双边滤波算法的灰度距离权值为 0.05 时，噪声平滑效果明显，且边缘细节损失较少。对比图 23（b）和图 23（c）可以看出，当双边滤波算法的灰度距离权值增大后，保边效果减弱，图像中的边缘变得光滑，说明边缘细节消失得比较严重，尤其是 3 个籽粒中间的背景区域缩小严重。如果继续加大灰度距离权值，这个背景区域将消失，对后续的粘连分割造成不利影响。对比图 23（c）和图 23（d）可以看出，双边滤波算法的灰度距

离权值大到一定程度，滤波效果与普通的高斯滤波算法近似或者更差。

由于双边滤波算法需要计算滤波模板的灰度信息，所以其运算速度比高斯滤波算法慢得多，而且计算量的增大与高斯核大小的平方成正比。如果机器视觉在线检测的应用对时效性要求较高，可以使用与双边滤波算法效果相近的引导滤波算法代替，或使用一些双边滤波的加速算法来满足要求。

本书在衡量滤波算法的效果时主要是从主观上判断滤波操作对后续的背景分割（二值化）造成不利程度的大小。目前客观评价滤波算法效果最常用的参数指标是峰值信号比（Peak Signal to Noise Ratio，PSNR），其计算公式为

$$MSE = \frac{1}{mn} \sum_{i=0}^{m-1} \sum_{j=0}^{n-1} \parallel I(i,j) - K(i,j) \parallel^2$$

$$\tag{9}$$

$$PSNR = 10\lg\left(\frac{MAX_I^2}{MSE}\right) = 20\lg\left(\frac{MAX_I}{\sqrt{MSE}}\right)$$

$I(i,j)$ 和 $K(i,j)$ 是两幅滤波前后的图像，先计算这两幅图像的均方差 MSE，然后使用 MSE 除以灰度图像的最大信号值平方得到 PSNR，PSNR 衡量了图像中最大信号和噪声的比值，值越大表明图像滤波效果越好，图 23（b）~（d）所示的滤波后图像与图 23（a）所示的原始图像之间的 PSNR 见表 1。

表 1　3 个滤波后图像与原始图像之间的 PSNR

| 图像 | PSNR |
|---|---|
| 双边滤波：$\sigma_s = 2$，$\sigma_r = 0.05$ | 42.1560 |
| 双边滤波：$\sigma_s = 2$，$\sigma_r = 0.5$ | 33.8448 |
| 高斯滤波：$\sigma = 2$ | 40.3937 |

从表 1 也可以看出，图 23（b）所示图像滤波效果相对最好，图 23（c）所示图像滤波效果相对最差，这与使用图像二值化后边缘变化效果主观判断方法得出的结论是一致的。当使用被粘连籽粒包围的中间小背景区域的大小变化来衡量滤波算法对边缘的模糊程度时，相对单纯使用边缘进行判断的方式更有效并且更精确。

### 2.3.3　荞麦籽粒图像的对比度增强

图像增强是指根据图像的应用场景需求，使用特定的图像增强算法或算法集合来强化图像中的有用信息，抑制不需要的信息和噪声。图像增强根据处理的对象不同分为灰度图像增强和彩色图像增强；根据处理的范围不同分为全局增强和局部增强；根据处理的方法不同分为空间域增强和频域增强；根据处理的目的不同分为降噪、锐化和对比度增强。

图 24 所示是在线采集的动态滑落荞麦籽粒图像，从图中标注 1 处可以看出，图像的 4 个边和 4 个角区域整体亮度较低，籽粒与背景的对比不明显，尤其是黑褐色的未剥壳荞麦与背景反差更小。当完整荞麦米处于亮度较高的图像中部区域时，完整荞麦米与背景的对比较明显，但处于边角区域时亮度不足导致与背景的反差减小。图中标注 2 和标注 3 处多个粘连籽粒中间的背景区域面积小，并且蓝色背景本身和未剥壳荞麦灰度的差异不大，导致这个背景区域与周围荞麦籽粒难以区分，这会对后续粘连分割处理产生非常不利的影响。

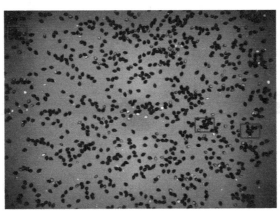

**图 24　未增强的荞麦籽粒图像**

造成图 24 中荞麦籽粒前景和蓝色荞麦籽粒滑动托板背景对比不明显的原因，除了照明不均匀和镜头光圈开度最大引起的暗边暗角效应外，最主要的原因是为了捕获快速滑落的荞麦籽粒而将工业相机的快门时间设置为 300 μs，CMOS 感光元件上的光通量不足导致图像偏暗。从图 25 中可以看出，图中所有像素点的 R、G、B 三个颜色通道的灰度分布都偏向暗区，尤其是 R 通道集中分布于灰度值小于 100 的区间，占整个灰度区间的一半不到。在这样很窄的灰度区间，籽粒对象之间以及籽粒对象与背景之间的对比度明显不足。G 通道的灰度分布比 R 通道稍好，但也只占整个灰度区间的 2/3。B 通道虽然有占比很大的像素点位于灰度值为 120~200 的中部区间，但在彩色图像变为灰度图像后，整体的灰度分布还是处于左边 2/3 的区间内。

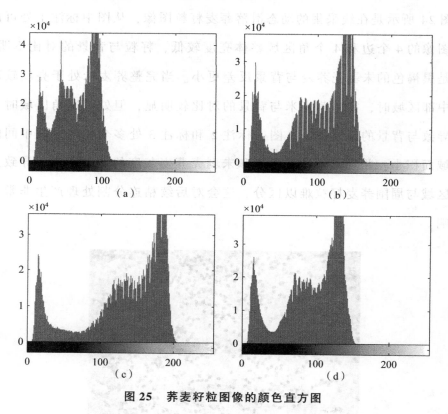

**图 25　荞麦籽粒图像的颜色直方图**

（a）R 通道；（b）G 通道；（c）B 通道；（d）灰度图像

　　图像的整体对比度是指一幅图像中最大的灰度值与最小的灰度值之比。图像区域的对比度是指各个区域所在灰度层级之间的比值，细化到像素点就是两个像素点的灰度值之比。对比度越大图像越清晰醒目，色彩也越鲜明。

高对比度有助于提升图像的清晰度、细节和灰度层次表现。

## 1. 直方图拉伸

图像对比度增强的主要方式是通过将图像的灰度范围拉伸，增加灰度值的动态范围，从而增强图像整体的对比度。灰度范围拉伸可以通过指数变换（伽马变换）、对数变换或线性变换的形式进行。对数变换能够将图像的低灰度区域扩展从而显示更多细节，将高灰度区域压缩以降低高灰度区域对比度。指数变换（伽马变换）的伽马值小于 1 时会拉伸图像中灰度较低的区域并压缩灰度较高的区域，当伽马值大于 1 时会拉伸图像中灰度较高的区域并压缩灰度较低的区域。

线性拉伸的特点是不会将某个灰度区域内的像素点与另外不同灰度区域的像素点使用不同的变换比率进行转换，这与本书使用颜色特征进行背景分割，对图像中各种籽粒对象的色差保持基本稳定的需求一致。线性灰度拉伸的计算方法如式（10）所示。

$$f(x,y) = (g(x,y) - C)\left(\frac{B-A}{D-C}\right) + A$$

$$C = \min(g(x,y)), D = \max(g(x,y)) \qquad (10)$$

$$A = \min(f(x,y)), B = \max(f(x,y))$$

式中，$g(x, y)$ 是输入图像，$f(x, y)$ 是输出图像，$D - C$ 是输入图像的灰度范围，$B - A$ 是拉伸后图像需要变换到的灰度范围。这种计算方法将灰度范围从 $D - C$ 线性变换到了 $B - A$。8 bit 深度灰度图像计算过程中，灰度值小于 0 像素点的灰度值被归为 0，像素值大于 255 像素点的灰度值被归为 255。

这种线性拉伸方法在计算输入图像的灰度范围 $D - C$ 时，可能遇到灰度值极小或极大的单个像素点，一个像素点的灰度值就会代表原图像灰度范围的下边界或上边界，该边界在图像整体的对比度变换中没有典型意义。为了避免出现这种现象并提高灰度范围拉伸变换的鲁棒性，在线性拉伸变换中引入直方图的计算，根据图像的统计信息，采用"饱和率"进行灰度边界的计算。以 8 bit 深度灰度图像为例，饱和率的含义是灰度值小于等于 0 以及大于等于 255 的像素点数目占图像总像素点数目的比率，饱和率取值范围是 0%～100%，值越大灰度范围拉伸程度越大，对比度增强越明显。图 26 所示是使用饱和率为 0.3% 的直方图拉伸方法对图 24 所示图像进行对比度增强后的图像，可以看出图 26 相对图 24 明显变亮，籽粒之间以及籽粒与背景之间的对比与反差变得更明显。

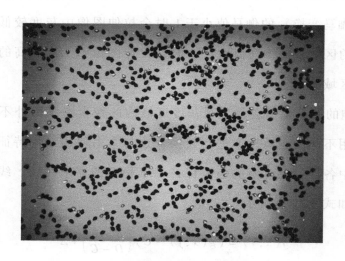

**图 26　直方图拉伸后的荞麦籽粒图像**

从图 27 可以看出，经直方图拉伸后图像 R、G、B 通道的直方图灰度范围相对图 25 所示的原图直方图灰度范围明显扩展，每个通道的灰度范围扩展了约 55 个灰度级。有 32% 的像素点在 B 通道达到了最大灰度值 255。灰度图像在 0.3% 的饱和率下，灰度范围从 7～165 扩展到了 0～220。原图像和灰度范围拉伸后的图像之间出现 55 个灰度级的扩展，这是灰度范围拉伸后图像亮度以及对比增强的根本原因。

为了测试直方图拉伸对后续背景分割操作的影响，试验对比了原图像和拉伸后图像的背景分割效果以及滤波对两种图像的影响。图 28 所示为效果对比，对比图 28（a）和图 28（c）可以看出，原图像整体偏暗，深黑褐色未

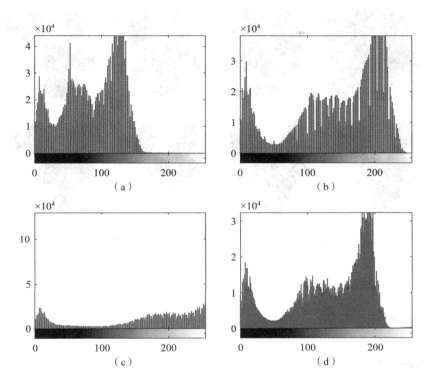

**图 27　直方图拉伸后的荞麦籽粒图像的颜色直方图**

（a）R 通道；（b）G 通道；（c）B 通道；（d）灰度图像

剥壳荞麦籽粒与蓝色背景在边缘处对比不强，尤其是粘连籽粒中间的小块背景区域肉眼难以辨识。经过直方图拉伸后图像明显变亮，蓝色背景区域颜色鲜艳，籽粒与蓝色背景在边缘处对比分明。两幅图像的背景分割后图像区别更加显著，原图像籽粒中间背景区域分割后只有 3 个像素大小。拉伸图像籽粒中间背景区域分割后显著变大，甚至原本粘连的 2 个籽粒也能被正确分割，这种效果对后续的粘连分割极为有利。对比图 28（b）和图 28（d）可以看出，直方图拉伸后图像对滤波造成图像细节损失的容忍度显著增强。原图像中值滤波后再进行背景分割，籽粒中间背景区域消失。对直方图拉伸后的图像进行中值滤波再进行背景分割，籽粒中间背景区域没有消失，仍有 19 个像素大小。

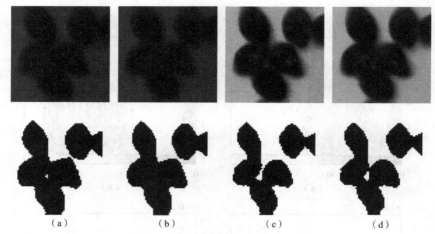

**图 28　对比度增强对背景分割的影响**

（a）原图未滤波；（b）原图中值滤波；（c）直方图拉伸；（d）直方图拉伸后中值滤波

### 2. 直方图均衡化

直方图拉伸是将图像的灰度分布在 $x$ 轴方向进行线性扩展拉伸，通过扩展灰度范围以达到增强对比度的效果。直方图均衡化是在 $x$ 和 $y$ 轴方向同时进行非线性变换的一种对比度增强方式，其基本思想是对图像中像素点个数多的灰度级进行扩展，对图像中像素点个数少的灰度级进行压缩，扩展图像中像素点取值的范围，增加图像对比和灰度色调的变化，使图像更加清晰。由于直方图均衡化会把像素点个数多的灰度级中的像素点个数减少，把像素点个数少的灰度级中的像素点个数增加，所以直方图均衡化有时又称直方图平坦化。

8 bit 深度灰度图像扩展至 0~255 灰度范围的直方图均衡化计算方法如下。

（1）遍历整个图像，得到灰度值为 $k$ 的像素点的个数为 $n(k)$。

（2）计算累计直方图：$N(k) = \sum_{i=1}^{k} n(i)$。

（3）进行直方图均衡化：$f(x,y) = \dfrac{N[g(x,y)]}{N(k_{max})} \times 255$。

其中，$g(x,y)$ 是原图像某个像素点的灰度值，$f(x,y)$ 是直方图均衡化后图像某个像素点的灰度值，$k_{max}$ 是原图像的最大灰度值。

图 29 所示是图 24 直方图均衡化后的图像，可以看出亮度和对比度都有显著的提升，但相对于直方图拉伸后的图 26，光照不均匀显得更为明显，中部更亮而边角部分相对更暗，这是由于直方图均衡化的"均匀"效应，将像素点多的灰度区间的部分像素点改变灰度值后移向了像素点少的灰度区间。由图 30 所示的各通道灰度分布直方图可以看出灰度值小于 75 的区间明显增加了像素点的数目。直方图均衡化这种非线性灰度变换，改变了图像中局部区域的色差比例，对后续基于颜色特征的背景分割造成一定的不利影响。

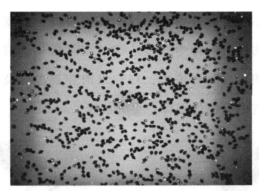

**图 29　直方图均衡化后的荞麦籽粒图像**

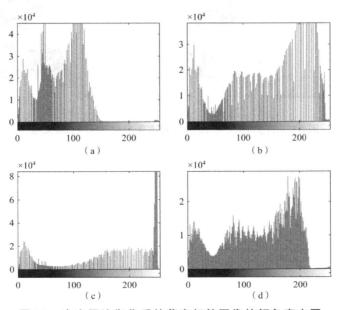

**图 30　直方图均衡化后的荞麦籽粒图像的颜色直方图**

（a）R 通道；（b）G 通道；（c）B 通道；（d）灰度图像

直方图均衡化的另一个缺点是它对所处理的数据不加选择，在进行像素点灰度区间搬移的过程中有可能增加噪声的对比度并且降低有用信号的对比度，造成感兴趣区域的细节弱化。对直方图中某些灰度区间有高峰或低谷的图像，经均衡化处理后显得过渡不自然。

图 31 所示是同一局部图像直方图拉伸和直方图均衡化后的对比。从图 31 可以看出，直方图均衡化图像中的黑褐色未剥壳荞麦籽粒内部显现出颜色深度较浅的褐色部分的细节。蓝色背景区域显示出噪声被强化的现象，明显呈现出噪声造成的细小斑纹。直方图拉伸图像中未剥壳荞麦籽粒与背景的边缘锐利，而在直方图均衡化图像中这些边缘处变得模糊且过渡不自然，有晕色现象出现。在直方图均衡化图像中，籽粒果肉和果皮以及果肉与背景的边缘部分的细节又比在直方图拉伸图像中更为清晰。

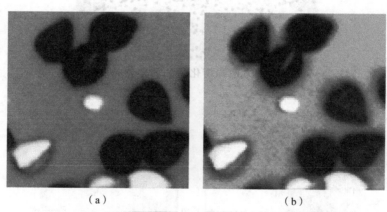

（a）                              （b）

**图 31　直方图拉伸和直方图均衡化的对比　（附彩插）**

（a）直方图拉伸图像；（b）直方图均衡化图像

第3章

荞麦籽粒图像的背景分割

# 3.1 图像的背景分割

图像中某些感兴趣的部分称为目标或前景，它们一般对应图像中特定的、具有独特性质的区域。为了辨识和分析这些目标，需要将其分离提取出来。把图像分成各具特性的区域并提取感兴趣目标的过程称为图像分割。图像分割是机器视觉和自动化模式识别过程中至关重要的一步，后续特征提取的准确度在很大程度上依赖分割操作的正确性，因此，图像分割在图像工程中占据重要的地位[120]。

图像分割虽然是图像处理技术领域的基础部分，但也是该领域公认的难点问题，吸引了众多研究者进行相关研究。对图像分割有很多不同的定义，被广泛接受的是基于集合定义图像分割的方法。

设 $g(x, y)$ 为待分割图像，对 $g(x, y)$ 的分割可以看作将 $g(x, y)$ 划分为 $N$ 个非空子图像 $g_i(x, y)$（$i = 1, 2, 3, \cdots, N$）。这些子图像具有如下特征。

（1）$\bigcup\limits_{i=1}^{N} g_i(x, y) = g(x, y)$，即所有子图像构成整幅图像。

（2）满足一定的同质性，即子图像内所有像素点在颜色、亮度、纹理等特征上具有某种相似性。

（3）$g_i(x, y) \cap g_j(x, y) = \varnothing$（$i, j = 1, 2, 3, \cdots, N; i \neq j$），即任意两个子图像不具有公共像素点。

（4）$g_i(x, y)$ 中任意两点存在相互连通的路径，即区域具有连通性。

由于图像分割的重要性和困难性，虽然经过大量科研人员的努力，目前还没有一种通用的能适用于各种不同应用领域的图像分割方法，但是在灰度图像的背景分割方面已经有了一些相对成熟的分割方法，这些分割方法大致可以归纳为以下几类。

## 1. 基于阈值的图像背景分割方法

针对图像只需要分为前景和背景两大类的分割需求，基于阈值的图像背景分割方法设定了一个特征阈值，以这个特征阈值为界，把图像中的所有像素点分为两种灰度级的目标区域和背景区域，这种分割方式称为单阈值分割，变换方法以式（11）为例。$g(x,y)$ 中大于特征阈值的像素点在分割后的图像 $f(x,y)$ 中为 1，作为前景（背景）。$g(x,y)$ 中小于等于特征阈值的像素点在分割后的图像 $f(x,y)$ 中为 0，作为背景（前景）。

$$f(x,y) = \begin{cases} 1, g(x,y) > T \\ 0, g(x,y) \leq T \end{cases} \tag{11}$$

如果前景中有多种目标需要进行分割，基于阈值的背景分割方法就会在分割中设定多个特征阈值，以各个特征阈值为界将每个目标单独提取出来，这种分割方式称为多阈值分割，变换方法以式（12）为例。$g(x,y)$ 中的所有像素点依据与特征阈值 $T_1$ 和 $T_2$ 的关系，在分割后图像 $f(x,y)$ 中被分割为背景、目标 1 和目标 2 三类。

$$f(x,y) = \begin{cases} 0, & g(x,y) \leq T_1 \\ 1, & T_1 < g(x,y) \leq T_2 \\ 2, & g(x,y) > T_2 \end{cases} \tag{12}$$

基于阈值的图像背景分割方法具有原理简单、分割速度快的优点，在对时效性要求较高的某些机器视觉应用中是首选的背景分割方法。但是这种方法的缺点是没有考虑图像中被分割对象之间的空间位置关系，只是依据被分割对象之间的灰度差异进行分割，这就导致算法对图像中的噪声非常敏感。算法对于目标之间、目标与背景之间灰度差异不明显或者灰度范围有重叠的图像进行分割，会产生较大的分割误差。

特征阈值的确定是基于阈值的图像背景分割方法的关键，相关领域的研究也主要围绕特征阈值的选择进行。常用的特征阈值选择方法有直方图峰谷法、最小误差法、利用空间信息的变阈值法、最大相关性原则自动阈值法、最大熵原则自动阈值法以及使用智能算法进行阈值的最优化选取。

## 2. 基于区域的图像背景分割方法

基于区域的图像背景分割方法有两种基本形式。一种是从种子点出发，重复执行合并周围相似或相同像素点的操作，直至没有可以合并的像素点为止，最终形成内部连通且具有一致性的分割区域，这种分割方式称为区域生长法。另一种是以整幅图像为出发点，重复执行将大区域分裂成子区域然后执行子区域合并或分裂的过程，直至所有子区域不再满足分裂和合并的条件，这种分割方式称为区域分裂合并法。

区域生长法对于内部均匀的连通区域分割效果较好，但缺点是需要指定种子点，并且图像中的噪声会在连通区域内部产生孔洞。由于区域生长法采用串行执行方式，所以算法运行速度较慢。区域生长法的核心内容是生长规则的设计。区域分裂合并法的优点是不需要指定种子点，对复杂图像的分割效果较好，但算法计算量大，运行速度慢。分裂和合并的规则设计是算法设计的核心内容。

## 3. 基于边缘检测的图像背景分割方法

图像中的边缘是指不同区域之间边界像素点构成的集合，是不同区域之间的过渡。边缘区域像素点的灰度值变化剧烈，通常使用一阶微分算子或二阶微分算子对其进行检测和定位。

数字图像处理中微分用差分来代替，一阶微分的差分形式为

$$\Delta_x f(x,y) = f(x,y) - f(x-1,y)$$
$$\Delta_y f(x,y) = f(x,y) - f(x,y-1)$$

（13）

二阶微分的差分形式为

$$\Delta_x^2 f(x,y) = f(x+1,y) + f(x-1,y) - 2f(x,y)$$
$$\Delta_y^2 f(x,y) = f(x,y+1) + f(x,y-1) - 2f(x,y)$$

$$(14)$$

数字图像处理中以邻域卷积计算形式定义的常用一阶微分算子有 Roberts 算子、Prewitt 算子和 Sobel 算子，二阶微分算子有 Laplacian 算子。这些算子的描述如下。

1）Roberts 算子

Roberts 算子采用计算对角线方向的梯度来检测边缘，定位精度高但对噪声敏感。其卷积模板如下所示：

$$\begin{pmatrix} 0 & 1 \\ -1 & 0 \end{pmatrix} \quad \begin{pmatrix} 1 & 0 \\ 0 & -1 \end{pmatrix}$$

2）Prewitt 算子

Prewitt 算子是在水平方向和垂直方向各定义一个卷积模板，利用边缘像素点与左右、上下邻近像素点的灰度差极值分别检测水平边缘和垂直边缘。其卷积模板如下所示：

$$\begin{pmatrix} -1 & 0 & 1 \\ -1 & 0 & 1 \\ -1 & 0 & 1 \end{pmatrix} \quad \begin{pmatrix} -1 & -1 & -1 \\ 0 & 0 & 0 \\ 1 & 1 & 1 \end{pmatrix}$$

3）Sobel 算子

Sobel 算子对 Prewitt 算子进行了改进，在水平方向和垂直方向邻近中心像素点的位置做了加权处理，降低了对边缘的模糊程度，检测效果比 Prewitt 算子更好。其卷积模板如下所示：

$$\begin{pmatrix} -1 & 0 & 1 \\ -2 & 0 & 2 \\ -1 & 0 & 1 \end{pmatrix} \quad \begin{pmatrix} -1 & -2 & -1 \\ 0 & 0 & 0 \\ 1 & 2 & 1 \end{pmatrix}$$

4）Laplacian 算子

Laplacian 算子是二阶微分算子，不同于一阶微分算子使用极值进行边缘检测，它利用边缘处的二阶导数出现的零交叉来检测边缘。由于二阶微分比一阶微分对噪声更为敏感，通常在实际使用中先使用高斯滤波对图像进行平滑，然后再应用 Laplacian 算子对边缘进行检测。其卷积模板如下所示：

$$
\begin{pmatrix} 0 & 1 & 0 \\ 1 & -4 & 1 \\ 0 & 1 & 0 \end{pmatrix}
\quad
\begin{pmatrix} 1 & 1 & 1 \\ 1 & -8 & 1 \\ 1 & 1 & 1 \end{pmatrix}
$$

## 4. 基于聚类的图像背景分割方法

聚类分割是指将图像中相似灰度或色度的像素点合并成不同区域的方法，此方法将图像分割问题转化为模式识别的聚类分析。聚类分割算法中最常用的是基于目标函数的模糊 C – 均值算法（Fuzzy C – Means，FCM），该方法在初始化阶段确定聚类中心和聚类数，然后在迭代过程中不断调整和优化聚类中心，当类内方差达到最小时迭代停止，从而实现图像的聚类分割。目前常用的聚类分割算法还有 K 均值聚类分割算法、基于支持向量机的聚类分割算法、基于遗传算法的聚类分割算法以及有参数无参数密度估计算法。

## 5. 基于主动轮廓模型的图像背景分割方法

主动轮廓模型是利用曲线演化来分割对象区域的一类模型（方法）。其基本思想是先定义对象区域的初始曲线，然后根据图像数据得到能量函数，在能量函数最小值的驱动下引导曲线变化，使曲线向对象区域边缘逐渐逼近，最终找到对象区域边缘。这种动态逼近方法所求得的边缘曲线具有封闭、光滑等优点。主动轮廓模型可分为参数主动轮廓模型和几何主动轮廓模型两类。参数主动轮廓模型将曲线或曲面的形变以参数化形式表达，其代表是 Snake 模型。几何主动轮廓模型的代表是水平集（Level Set）方法。

## 6. 基于特定方法和理论的图像背景分割方法

由于机器视觉技术在各领域的广泛应用，已有的方法有时不能适用于特定图像的背景分割需求。为了解决所面临的问题，大量学者将新理论、新方法应用于图像分割研究领域。结合特定方法和理论的图像背景分割方法取得了较好的应用效果。例如小波分析和小波变换、神经网络、遗传算法、图论、模糊集以及粗糙集等理论工具的使用，有效地改善了一些使用传统分割算法分割效果不好的图像的分割效果。随着研究的深入，更多的方法和理论将被应用到图像背景分割研究领域。

# 3.2 荞麦籽粒图像的阈值分割

基于机器视觉的荞麦剥壳性能参数在线检测是对荞麦剥壳机出料口剥出物中的未剥壳荞麦、完整荞麦米和碎荞麦米进行分类识别并计数，然后根据各种成分的数量比例关系来判断荞麦剥壳机的当前剥壳性能。在采集图像并预处理后，只有将各种籽粒对象从图像背景中提取出来才能针对籽粒对象进行后续的特征计算、识别以及计数处理。籽粒对象的提取质量和效果对后续图像处理步骤起着决定性的作用。剥壳性能参数的检测是在线进行的，这就对每一个处理环节的时效性都有较高的要求。虽然已有的图像背景分割算法多种多样，新的方法也层出不穷，但是基于阈值的图像背景分割方法始终是所有算法中运行时效性最好的。

## 3.2.1 彩色图像的颜色空间及灰度化

图像阈值分割按照灰度级，将相同灰度级的像素点划分为与实际景物对应的一个子集。彩色图像在进行阈值分割前一般要进行彩色图像到灰度图像的转换。常用的灰度转换方法如下。

### 1. 平均法

灰度转换的平均法是将像素点处 R、G、B 3 个通道的灰度值进行算术平均得到单通道的灰度值。平均法的转换公式如下：

$$I_{\text{GRAY}}(x,y) = \frac{I_{\text{R}}(x,y) + I_{\text{G}}(x,y) + I_{\text{B}}(x,y)}{3} \tag{15}$$

## 2. 最大最小平均法

最大最小平均法是将像素点处 R、G、B 3 个通道灰度值的最大值与最小值之和算术平均后作为单通道的灰度值。最大最小平均法的转换公式如下：

$$I_{\text{GRAY}}(x,y) = \frac{\max(I_{\text{R}}(x,y), I_{\text{G}}(x,y), I_{\text{B}}(x,y)) + \min(I_{\text{R}}(x,y), I_{\text{G}}(x,y), I_{\text{B}}(x,y))}{2}$$

$$(16)$$

## 3. 加权平均法

加权平均法是图像灰度化中最常用的一种方法，加权系数是根据人对 RGB 不同颜色的敏感程度经过主观实验得到的标准化参数。加权平均法的转换公式如下：

$$I_{\text{GRAY}}(x,y) = 0.299 \times I_{\text{R}}(x,y) + 0.587 \times I_{\text{G}}(x,y) + 0.114 \times I_{\text{B}}(x,y)$$

$$(17)$$

## 4. 单通道法

彩色图像转换为灰度图像时，如果不考虑人的主观感受，而只关心图像处理中的某些特性，有时也会直接将某一个颜色通道作为彩色图像所对应的灰度图像。单通道法的转换公式如下：

$$I_{\text{GRAY}}(x,y) = I_{\text{R}}(x,y)$$

或

$$I_{\text{GRAY}}(x,y) = I_{\text{G}}(x,y) \qquad (18)$$

或

$$I_{\text{GRAY}}(x,y) = I_{\text{B}}(x,y)$$

图 32 所示为几种灰度转换方法形成的灰度图像的对比。由图 32 可以看出，这几种灰度图像总体视觉感觉差异不大，这说明在由彩色图像转换成灰度图像时损失了图像载有的大量信息。在细节上，加权平均法灰度图像比平

均法灰度图像和最大最小平均法灰度图像更细腻清晰，对比更为明显。从3个单通道灰度图像的对比可以看出，B通道灰度图像背景区域明显偏亮，这符合蓝色背景中的蓝色分量偏高的事实。G通道灰度图像的清晰度较R通道灰度图像和B通道灰度图像更高，这与人眼对三基色中的绿色更为敏感的生理知识吻合。R通道灰度图像在所有灰度图像中最暗，这显示了原始图像色调偏冷的特点。从上述分析可以看出，虽然平均法或加权平均法形成的灰度图像更符合人眼观察习惯，但单通道可能保留了更多的可用于图像处理的细节信息，在应用中也可以将单通道灰度图像组合运算，可能产生新的有利信息。

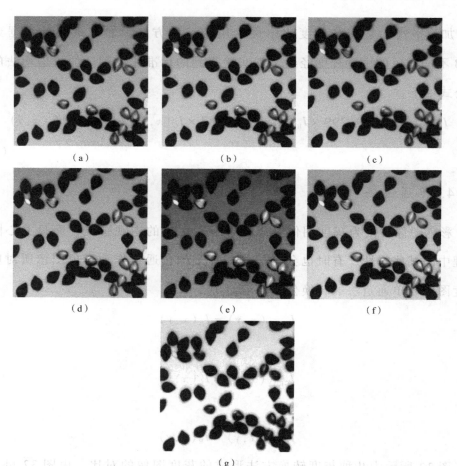

**图32　荞麦籽粒图像的不同灰度图像**

（a）原图像；（b）平均法灰度图像；（c）最大最小平均法灰度图像；（d）加权平均法灰度图像；

（e）R通道灰度图像；（f）G通道灰度图像；（g）B通道灰度图像

颜色是人眼对不同光谱范围内可见光的不同感受，颜色既是客观存在，也是主观感受。颜色空间也称为颜色模型，是指对自然光中某一个可见光子集进行三维建模，建立一个三维坐标系，坐标系中的每个空间点都表示一种颜色。该模型可对该子集中的所有颜色进行数学表达和描述[121]。颜色空间根据应用的领域可分为两类：一类是面向设备的，例如 RGB 颜色间、CMYK 颜色空间；另一类是面向色彩处理和显示的，例如 HSV 颜色空间、$L^*a^*b^*$ 颜色空间。

### 1. RGB 颜色空间

RGB 颜色空间是目前使用最广泛的颜色模型，它通过 R（红）、G（绿）、B（蓝）3 个颜色通道的变化和叠加来形成各种各样的颜色。RGB 颜色空间对应于直角坐标系中的一个立方体，如图 33 所示，3 个坐标轴分别是 $R$、$G$、$B$，在原点处 $R$、$G$、$B$ 取值都为 0，代表黑色。$R$、$G$、$B$ 取值都为 1 时代表白色。

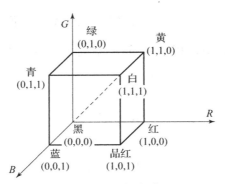

**图 33 RGB 颜色空间**

### 2. HSV 颜色空间

HSV 颜色空间是从人对颜色的感知角度出发建立的一种比较符合人类视觉感受、直观的颜色空间。HSV 颜色空间中描述颜色的 3 个参数分别是：色调（Hue，H）、饱和度（Saturation，S）和明度（Value，V）。HSV 颜色空间使用圆柱坐标系中的圆锥模型进行描述，如图 34 所示。

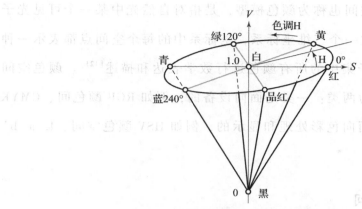

**图 34  HSV 颜色空间**

色调 $H$ 使用逆时针方向的 0°~360°角度来度量，0°为红色，120°为绿色，240°为蓝色。HSV 颜色空间中认为某种颜色是白色与光谱色的混合，其中白色比例越大，颜色接近光谱色的程度越低，饱和度 $S$ 越低，反之饱和度越高，体现为颜色深且艳丽。饱和度用 0%~100% 的百分比来度量，值越大饱和度越高。明度用 0%~100% 的百分比来度量颜色的明亮程度，0% 表示黑，100% 表示白。由于图像采集设备得到的数字图像是用 RGB 颜色空间描述的，如果在图像处理中使用 HSV 颜色空间就需要进行 RGB 颜色空间到 HSV 颜色空间的转换，转换方法如下所示。

$$R' = \frac{R}{255}$$

$$G' = \frac{G}{255}$$

$$B' = \frac{B}{255}$$

(19)

$$C_{\max} = \max(R', G', B')$$

$$C_{\min} = \min(R', G', B')$$

$$\Delta = C_{\max} - C_{\min}$$

计算 $H$：

$$H = \begin{cases} 0° & ,\Delta = 0 \\ 60° \times \left( \dfrac{G' - B'}{\Delta} + 0 \right) & ,C_{\max} = R' \\ 60° \times \left( \dfrac{B' - R'}{\Delta} + 2 \right) & ,C_{\max} = G' \\ 60° \times \left( \dfrac{R' - G'}{\Delta} + 4 \right) & ,C_{\max} = B' \end{cases} \tag{20}$$

计算 $S$：

$$S = \begin{cases} 0 & ,C_{\max} = 0 \\ \dfrac{\Delta}{C_{\max}} & ,C_{\max} \neq 0 \end{cases} \tag{21}$$

计算 $V$：

$$V = C_{\max} \tag{22}$$

### 3. L*a*b* 颜色空间

L*a*b* 颜色空间和 RGB 颜色空间、HSV 颜色空间相比，更符合人眼对自然界中所有颜色的感知，对颜色的定位更精确、更均匀[122]，是国际照明学会推荐的色彩空间。L*a*b* 颜色空间也是由 3 个颜色通道组成，如图 35[123] 所示。L* 是明度，数值范围是 0 ~ 100，0 表示黑色，100 表示白色。a* 和 b* 是色度，$a^* = b^* = 0$ 表示无色。a* 通道的颜色是从红色到深绿，b* 通道的颜色则是从蓝色到黄色。

RGB 颜色空间到 L*a*b* 颜色空间的转换方法如下。

首先将 RGB 颜色空间转换到 XYZ 颜色空间，如式（23）所示。

$$\begin{bmatrix} X \\ Y \\ Z \end{bmatrix} = \begin{bmatrix} 2.7690 & 1.7517 & 1.3101 \\ 1.0000 & 4.5907 & 0.0601 \\ 0.0000 & 0.0565 & 5.5928 \end{bmatrix} \begin{bmatrix} R \\ G \\ B \end{bmatrix} \tag{23}$$

$X$、$Y$、$Z$ 为实际颜色的三刺激值，$X_0$、$Y_0$、$Z_0$ 为标准三刺激值。

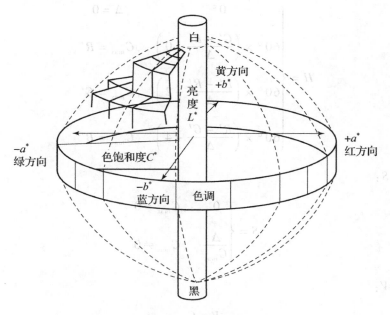

图 35　L*a*b* 颜色空间

$$f(x) = \begin{cases} \sqrt[3]{x} & ,x > 0.008\ 856 \\ 7.787x + 16/166 & ,x \leqslant 0.008\ 856 \end{cases} \quad (24)$$

$$\begin{cases} L^* = 116 \times f\left(\dfrac{Y}{Y_0}\right) - 16 \\ a^* = 500 \times \left[f\left(\dfrac{X}{X_0}\right) - f\left(\dfrac{Y}{Y_0}\right)\right] \\ b^* = 200 \times \left[f\left(\dfrac{Y}{Y_0}\right) - f\left(\dfrac{Z}{Z_0}\right)\right] \end{cases} \quad (25)$$

图 36 所示为 HSV 颜色空间和 L*a*b* 颜色空间的单通道灰度对比，与图 32 所示的 RGB 颜色空间单通道灰度图对比可以看出，HSV 颜色空间和 L*a*b* 颜色空间中的明度图像与 RGB 颜色空间的单通道图像区别不大，但在色度通道上出现了新的特性。例如 H 通道背景区域的光照不均匀明显减弱，S 通道显现出了更多纹理细节，a*通道和 b*通道可以在籽粒识别时提供更丰富的特征。

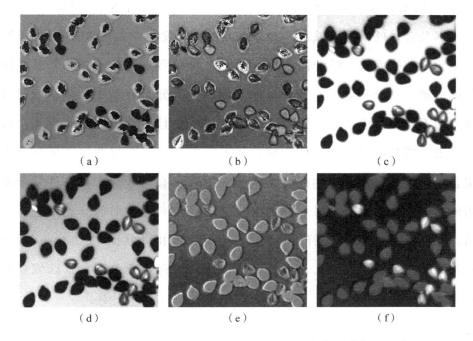

（a）　　　　　　　　（b）　　　　　　　　（c）

（d）　　　　　　　　（e）　　　　　　　　（f）

**图 36　HSV 颜色空间和 L\* a\* b\* 颜色空间的单通道灰度图像**

（a）H 通道灰度图像；（b）S 通道灰度图像；（c）V 通道灰度图像；

（d）L\* 通道灰度图像；（e）a\* 通道灰度图像；（f）b\* 通道灰度图像

## 3.2.2　灰度图像的阈值分割

### 1. 直方图阈值法

图像的直方图反映了一幅灰度图像中灰度级的数目和每个灰度级中像素点分布的数目，是图像阈值分割中一个非常有效的辅助工具。如果直方图呈现明显的双峰或多峰形状，就可以选取峰 – 峰之间的谷底对应灰度值作为分割阈值，将峰值区域对应的目标分割出来。如果直方图中峰谷差异不明显或前景和背景在图像中占比悬殊，则使用直方图确定阈值进行分割的效果一般不会很理想。

图 37 所示是在线采集到的荞麦籽粒图像中未剥壳荞麦、完整荞麦米、碎荞麦米以及背景的采样区域灰度分布直方图，灰度图像是由 RGB 彩色图像经加权平均法转换而来。结合图 24 并从图 37 可以看出，未剥壳荞麦采样区域的灰度值最小且分布集中。背景采样区域的灰度分布有 3 个峰值，说明背景区域照明不均匀。由于完整荞麦米整体呈绿棕色且表面棱线处有反光，所以完整荞麦米的灰度范围大且位于整体灰度区的中部，并与背景区域灰度大范围重合。碎荞麦米根据破碎程度的不同在图像中有两种形态，一种是全部显现为外露的乳白色果肉，另一种是部分完整荞麦米颜色加部分乳白色的外露果肉。图 37 中碎荞麦米采样区域为第二种形态，由此从图 37（d）可看出碎荞麦米的灰度分布范围最大，从最亮的白色区域向左覆盖了背景区域和完整荞麦米区域。

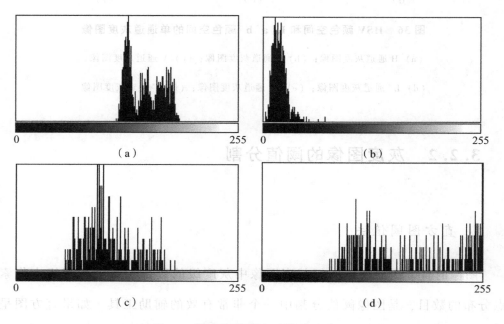

**图 37　荞麦籽粒的灰度分布直方图**

（a）背景；（b）未剥壳荞麦；（c）完整荞麦米；（d）碎荞麦米

在需要与背景分割的 3 种荞麦籽粒中，未剥壳荞麦最容易被提取出来。背景区域由于照明不均匀导致灰度分布不集中，且与完整荞麦米和碎荞麦米有大范围灰度重叠，因此背景分割得越完整，完整荞麦米和碎荞麦米中就有越多的区域被当作背景，这导致在二值图像中有更多的孔洞区域出现。背景颜色如果选择黑色和白色，则效果与背景颜色选择蓝色相近，因为黑色背景会与未剥壳荞麦灰度重叠，白色背景会与碎荞麦米的外露果肉部分灰度重叠。

观察图 32 和图 36 中的各种灰度图像，主观选择背景区域均匀且与前景区分相对明显的 4 种灰度图像，包括加权平均法灰度图像、RGB 颜色空间的 B 通道灰度图像、HSV 颜色空间的 H 通道灰度图像和 $L^*a^*b^*$ 颜色空间的 $b^*$ 通道灰度图像，作为直方图辅助人工选择阈值分割试验的灰度图像类型。从一幅在线采集的荞麦籽粒图像中裁剪两幅尺寸相同的子图像作为阈值分割试验图像，两幅子图像及它们在原图像中的位置如图 38（a）所示。一幅子图像位于原图像中左边边缘位置，亮度较低且亮度从左至右过渡明显，另一幅子图像位于原图像明亮区域的上部，有从上至下不明显的亮度过渡。由于 HSV 颜色空间和 $L^*a^*b^*$ 颜色空间的数值范围与 RGB 颜色空间不同，为了方便对比，在分割试验开始前先将 H 通道灰度图像和 $b^*$ 通道灰度图像标准化变换到灰度值为 0～255 的范围。

分割试验中以位于明亮区域子图像的分割效果为主要考虑因素，兼顾位于边缘区域子图像的分割效果。4 种灰度图像的分割效果如图 38（b）～（e）所示。从主观观察上看，4 种灰度图像的分割效果以图 38（e）中的 $b^*$ 通道灰度图像效果最好，其完全克服了光照不均匀的影响，小面积的碎荞麦米没有丢失。由于原始图像只经过直方图拉伸而没有滤波，背景区域虽然出现了噪点，但经过形态学操作或滤波后可以有效抑制。对于粘连籽粒中间的小块背景区域，在 $b^*$ 通道灰度图像中分割效果不如 H 通道灰度图像，而这种背景区域能否显现对后续的粘连分割有重要影响。H 通道灰度图像中对边缘的分割最为清晰，但这也导致了籽粒出现大量孔洞和不连续边缘，形态学操作和滤波在消除这些孔洞和不连续边缘的同时也会缩小或消除粘连籽粒中间的小块背景区域。加权平均法灰度图像分割中对亮度的变化敏感、光照不均匀的

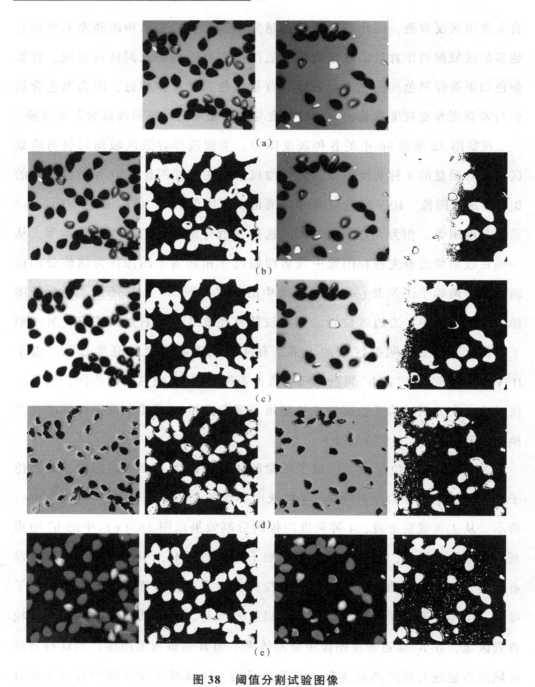

**图38 阈值分割试验图像**

（a）原图像；（b）加权平均法灰度图像（$T_1 = 147$，$T_2 = 207$）；（c）RGB 空间 B 通道灰度图像（$T_1 = 180$，$T_2 = 255$）；（d）HSV 空间 H 通道灰度图像（$T_1 = 130$，$T_2 = 150$）；（e）L*a*b* 空间 b* 通道灰度图像（$T_1 = 20$，$T_2 = 80$）

影响最强，分割后的图像不可用。B 通道灰度图像中分割会造成碎荞麦米和完整荞麦米的全部或部区域分丢失。

b* 通道灰度图像阈值分割虽然相对分割效果最好，但有 3 个问题限制了它在实用中的效果。

（1）RGB 图像转换为 L*a*b* 图像的时间较长。在本书所使用的软/硬件环境下，转换一幅 1 824 像素 × 1 368 像素的图像耗时为 0.692 7 s。

（2）在分割后需进行形态学操作以消除籽粒区域的孔洞和不连续边缘，这可能导致粘连籽粒中间的小块背景区域消失，影响后续荞麦籽粒粘连分割的效果。

（3）手工选取分割阈值，鲁棒性较差。

## 2. 迭代阈值法

迭代阈值法基于逼近的思路，首先选择一个初始阈值进行分割，生成前景子图像和背景子图像，然后根据子图像的特征选择新的阈值进行分割。通过对图像的迭代分割运算不断更新分割阈值以得到最佳阈值，使被误分割的像素点最少，到达最佳分割效果。算法的描述如式（26）所示。

$$T_{i+1} = \frac{1}{2} \times \left\{ \frac{\sum_{k=0}^{T_i} h_k \times k}{\sum_{k=0}^{T_i} h_k} + \frac{\sum_{k=T_i+1}^{L-1} h_k \times k}{\sum_{k=T_i+1}^{L-1} h_k} \right\} \tag{26}$$

$L$ 为图像中灰度级的级数，$h_k$ 为灰度级为 $k$ 的像素点个数，$T_i$ 为第 $i$ 次分割阈值，$T_i = T_i + 1$ 时迭代结束。

迭代阈值分割算法的实现步骤如下。

（1）求图像中的最小灰度阈值 $S_{min}$ 和最大灰度阈值 $S_{max}$，并计算初始阈值为

$$T_0 = \frac{S_{min} + S_{max}}{2} \tag{27}$$

（2）依据阈值 $T_k$ 将图像分割为前景部分和背景部分，然后求前景部分和背景部分的灰度均值 $S_1$ 和 $S_2$：

$$S_1 = \frac{\sum_{S(i,j) < T_k} S(i,j) \times N(i,j)}{\sum_{S(i,j) < T_k} N(i,j)}, S_2 = \frac{\sum_{S(i,j) > T_k} S(i,j) \times N(i,j)}{\sum_{S(i,j) > T_k} N(i,j)} \tag{28}$$

$S(i,j)$ 是像素点的灰度值，$N(i,j)$ 是像素点的权重值，$N(i,j)$ 一般为 1。

（3）求新分割阈值：

$$T_{k+1} = \frac{S_1 + S_2}{2} \tag{29}$$

（4）$T_{k+1} = T_k$ 时分割结束，否则 $k = k + 1$，转到步骤（2）。

图 39 所示是使用迭代阈值分割方法对图 38（e）中 $b^*$ 通道的 2 幅灰度图像分割效果的对比，与图 38（e）中的分割效果相比，使用迭代阈值法确定的分割阈值将噪点正确地归类于背景区域，改善了分割质量，籽粒区域的孔洞和不连续边缘也显著减少。图中方框标记的粘连籽粒区域细节表现得不明显，没有显现出籽粒中间的小块背景区域。

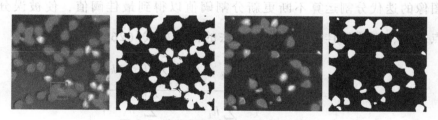

**图 39　迭代阈值法的背景分割效果**

### 3. 最大类间方差法

最大类间方差法又称为大津阈值分割法，由日本学者大津（Nobuyuki Otsu）于 1979 年提出，它以图像的灰度直方图为基础，依据最小二乘法原理确定最佳分割阈值，该方法的原理如下。

假设一幅图像灰度级的数目是 $L$，灰度级 $i$ 包含的像素点数目为 $n_i$，图像

中总像素点数目为

$$N = n_0 + n_1 + \cdots + n_{L-1} \tag{30}$$

将直方图归一化，则有

$$p_i = \frac{n_i}{N}, \sum_{i=0}^{L-1} p_i = 1 \tag{31}$$

假设分割阈值为灰度值 $t$，背景和前景分别为

$$C_0 = (0,1,2,\cdots,t), C_1 = (t+1,t+2,\cdots,L-1)$$

因此，背景区域 $C_0$ 在整个图像中的比例为

$$\omega_0(t) = \sum_{0 \leqslant i \leqslant t} p(i) \tag{32}$$

前景区域 $C_1$ 在整个图像中的比例为

$$\omega_1(t) = \sum_{t \leqslant i \leqslant L-1} p(i) = 1 - \omega_0(t) \tag{33}$$

$C_0$ 的灰度均值为

$$\mu_0(t) = \sum_{0 \leqslant i \leqslant t} \frac{ip(i)}{\omega_0(t)} = \frac{\mu(t)}{\omega_0(t)} \tag{34}$$

$C_1$ 的灰度均值为

$$\mu_1(t) = \sum_{t \leqslant i \leqslant L-1} \frac{ip(i)}{\omega_1(t)} = \frac{\mu_T(t) - \mu(t)}{1 - \omega_0(t)} \tag{35}$$

其中，$\mu(t) = \sum\limits_{0 \leqslant i \leqslant t} ip(i)$，$\mu_T = \omega_0\mu_0 + \omega_1\mu_1 = \sum\limits_{0 \leqslant i \leqslant L-1} ip(i)$ 是图像中的灰度均值。

背景区域 $C_0$ 和前景区域 $C_1$ 的类间方差为

$$\sigma_B^2 = \omega_0(t)(\mu_0(t) - \mu_T(t))^2 + \omega_1(t)(\mu_1(t) - \mu_T(t))^2 \tag{36}$$

求最佳阈值 $t^*$ 的公式为

$$t^* = \arg \max_{0 \leqslant t \leqslant L-1} |\omega_0(t)(\mu_0(t) - \mu_T(t))^2 + \omega_1(t)(\mu_1(t) - \mu_T(t))^2| \tag{37}$$

为了减少式（37）的计算量，将式（37）改写为

$$t^* = \arg \max_{0 \leqslant t \leqslant L-1} |\omega_0(t)\omega_1(t)(\mu_0(t) - \mu_1(t))^2| \tag{38}$$

灰度阈值 $t$ 从最小灰度级 0 开始到最大灰度级 $L-1$ 遍历，当 $t$ 使 $\sigma_B^2$ 最大时，就认为 $t$ 是分割的最佳阈值。

图 40 所示是使用最大类间方差法对 RGB 颜色空间的 B 通道灰度图像、HSV 颜色空间的 H 通道灰度图像和 L\*a\*b\* 颜色空间的 b\* 通道灰度图像进行阈值分割的对比，原图像与图 38 中的原图像相同。总体与图 38 对比，图 40 中所有光照不均匀导致的背景白斑和噪点都被消除。图 40 中标注为 1 的方框区域显示小碎米目标有丢失，在注为 2 的方框区域大碎米也几近丢失。从标注为 3 和 4 的方框区域可以看出，最大类间方差法对 H 通道灰度图像分割时受荞麦籽粒内部细节的影响较大，导致分割后的籽粒变形严重。从标注为 5 的方框区域看出，最大类间方差法和迭代阈值法一样，没有显现出籽粒中间的小块背景区域。图 40（c）中最后一幅二值图像显示的分割效果理想，籽粒区域没有孔洞和不连续边缘，小区域无丢失且外形完整。

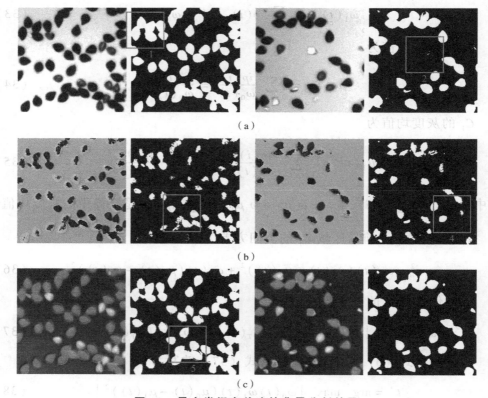

**图 40 最大类间方差法的背景分割效果**

（a）RGB 颜色空间 B 通道灰度图像；（b）HSV 颜色空间 H 通道灰度图像；

（c）L\*a\*b\* 颜色空间 b\* 通道灰度图像

图 41 所示为使用最大类间方差法对整幅在线采集到的荞麦籽粒图像进行阈值分割后的二值图像，分割前的灰度图像为 $L^*a^*b^*$ 颜色空间 $b^*$ 通道灰度图像和 RGB 颜色空间的 B 通道灰度图像。从图中的方框区域可以看出：由 $b^*$ 通道灰度图像分割后形成的二值图像中，中间区域出现了照明不均匀导致的分割错误；由 B 通道灰度图像分割后形成的二值图像中，分割错误出现于图像的 4 个角。

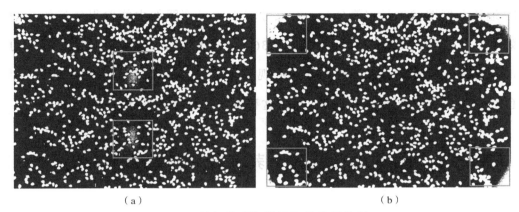

（a）　　　　　　　　　　　　　　（b）

**图 41　整幅荞麦籽粒图像的背景分割**

（a）$L^*a^*b^*$ 颜色空间 $b^*$ 通道灰度图像；（b）RGB 颜色空间 B 通道灰度图像

表 2 所示为用迭代阈值法和最大类间方差法分割同一幅 1 824 像素 × 1 368像素灰度图像的运行时间和得到的最优阈值的对比。从表 2 可以看出，两种方法的分割效果相同。

**表 2　迭代阈值法和最大类间方差法的对比**

| 分割方法 | 运行时间/s | 最优阈值 |
| --- | --- | --- |
| 迭代阈值法 | 0.19 | 0.03582（91.341） |
| 最大类间方差法 | 0.08 | 0.03569（91.009） |

## 3.3 荞麦籽粒图像的 $N \times (B - R)$ 灰度化方法

应用最大类间方差法或迭代阈值法对荞麦籽粒图像的 $L^* a^* b^*$ 颜色空间 $b^*$ 通道灰度图像进行阈值分割，在尺寸较小的局部图像中能取得较好的分割效果，但应用于实采的 1 824 像素 × 1 368 全幅图像时，出现了光照不均匀的部分背景区域被误分割为荞麦籽粒的现象，并且 RGB 颜色空间至 $L^* a^* b^*$ 颜色空间的非线性转换耗时较长，导致这种方法的时效性不佳。

### 3.3.1 RGB 颜色空间中荞麦籽粒颜色分布特征

超绿特征（$2G - R - B$）是在农业图像处理中常用的一种特征模型，它提高了绿色通道的权重，增加了与非绿色背景的对比度，利用该特征能够较好地提取绿色农作物的信息。因此，该模型被广泛应用于农业产品检测、农业机器人的视觉导航以及杂草识别等方面[124]。虽然背景复杂程度不一，但超绿特征的应用范围只限于图像前景颜色是绿色的农作物或农产品。相比之下，荞麦籽粒图像中的前景复杂得多，包括深黑褐色未剥壳荞麦、绿棕色完整荞麦米和乳白色碎荞麦米 3 种籽粒，而且图像中的籽粒面积小，提取的准确性要求高。相比大多数超绿特征的应用场景，提取图像中的荞麦籽粒也有一个优势是籽粒滑动托板的颜色可以选择。超绿特征被提出后，这种利用色差和色差比，例如 $R - G$、$G - B$、$(G - B)/(R - G)$，进行农业图像背景分割的研究在不同领域展开。本书借鉴这种思想，对被分割荞麦籽粒对象的颜色分布特征进行分析，然后选定一种背景颜色，将单色背景作为提取对象分割出来，这等效于对复杂荞麦籽粒前景的提取。

## 1. 完整荞麦米的颜色分布特征

从 5 幅在线采集到的荞麦籽粒图像中随机选取未剥壳荞麦、完整荞麦米和碎荞麦米各 20 粒，使用 ImageJ 软件的 Color Profiler 插件对选中的籽粒进行颜色分布分析。图 42 所示是其中 4 粒完整荞麦米手绘（Freehand）线采样区域和被采样像素点的 R、G、B 通道灰度值。从图中可以看出，完整荞麦米内部 B 通道灰度值小于 R 通道和 G 通道灰度值。图 42（a）中箭头所指处是采样线末端，靠近与蓝色背景的边缘，像素点的 B 通道灰度值等于 R 通道灰度值，如果采样线继续向外延伸，则 B 通道灰度值会大于 R 通道灰度值。图 42（b）中箭头所指处是完整荞麦米的脊线反光区域，G 通道灰度值和 R 通道灰度值都是最大值 255。图 42（c）中手绘线 4 次经过亮度较高的脊线区域，从颜色分布中可以看出有 4 个逐渐增大的峰值，反映出籽粒下部亮度高于上部。从图 42（d）的颜色分布可以看出手绘线两端接近边缘并且中部有一个亮区。

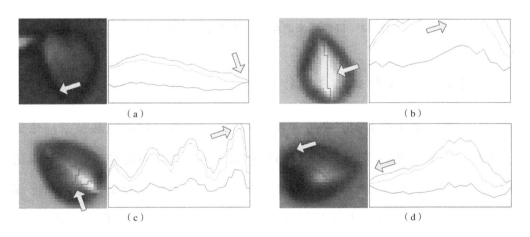

**图 42　完整荞麦米的颜色分布特征（附彩插）**

## 2. 碎荞麦米的颜色分布特征

图 43 所示是 4 粒碎荞麦米手绘（Freehand）线采样区域和被采样像素点的 R、G、B 通道灰度值。从图中可以看出，完整荞麦米内部 B 通道灰度值小

于 R 通道和 G 通道灰度值。图 43（a）、（b）和（d）中 B 通道灰度值没有小于 R 通道灰度值的像素点都位于籽粒边缘区域。观察图 43（a）、（c）和（d）中某个颜色通道灰度值等于最大值 255 的区段，只有两种情况出现，一种是 R、G、B 通道灰度值都是最大值，另一种是 B 通道灰度值小于最大值而另两个通道同时或单独为最大值。这两种情况也从完整荞麦米和碎荞麦米表面颜色或者是暖色调或者是白色反映了出来。

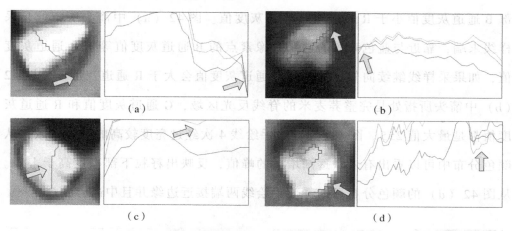

**图 43　碎荞麦米的颜色分布特征（附彩插）**

### 3. 未剥壳荞麦的颜色分布特征

图 44 所示是 4 粒未剥壳荞麦手绘（Freehand）线采样区域和被采样像素点的 R、G、B 通道灰度值。图 44（a）中的未剥壳荞麦籽粒位于图像的暗角区域，整体呈黑色，肉眼看不出纹理。从颜色分布中可以看出采样线的前部 B 通道灰度最低，箭头所指位置因为靠近边缘出现了 B 通道灰度的短暂升高。这粒黑色未剥壳荞麦 R、G 和 B 3 个通道的灰度值以及互相之间的差值较小，数据见表 3。图 44（b）~（d）中的未剥壳荞麦位于图像的明亮区域，因此表面显现出了黑色和深褐色的纹理，从这 3 个籽粒的灰度分布可以看出，褐色区域的 B 通道灰度值始终小于 R 通道和 G 通道灰度值，黑色区域 3 个通道灰度值的差值接近 0。未剥壳荞麦总体亮度较低，4 个籽粒中亮度最高的籽粒，

即图 44（c）中籽粒的灰度值见表 4。

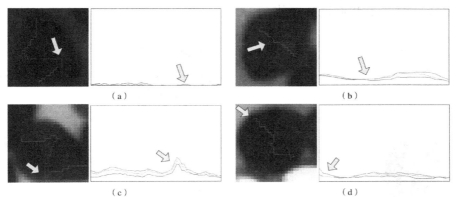

**图 44　未剥壳荞麦的颜色分布特征（附彩插）**

**表 3　黑色未剥壳荞麦的 RGB 灰度值**

| 颜色通道 | 均值 | 标准差 |
|---|---|---|
| R 通道 | 3.06 | 3.20 |
| G 通道 | 2.26 | 2.72 |
| B 通道 | 1.02 | 1.30 |

**表 4　褐色未剥壳荞麦的 RGB 灰度值**

| 颜色通道 | 均值 | 标准差 |
|---|---|---|
| R 通道 | 37.56 | 11.77 |
| G 通道 | 31.46 | 10.20 |
| B 通道 | 22.78 | 8.92 |

### 4. 荞麦籽粒边缘和蓝色背景的颜色分布特征

图 45 所示是 2 粒碎荞麦米、1 粒完整荞麦米和 1 粒未剥壳荞麦与蓝色背景间边缘的颜色分布。因为边缘在图像直观观察中没有准确的界定标准，所以图 45 中采样线的手工绘制具有一定的主观性，有可能相对更靠近背景，也有可能相对更靠近籽粒内部。观察图 45 中的 4 组颜色分布曲线，发现采样线在边缘的过渡区域中时，B 通道灰度值大于 R 通道灰度值，其中在图 45（a）

和45（d）中箭头所指处，因为绘制采样线时相对更偏向籽粒内部区域导致 R 通道灰度值大于 B 通道灰度值。

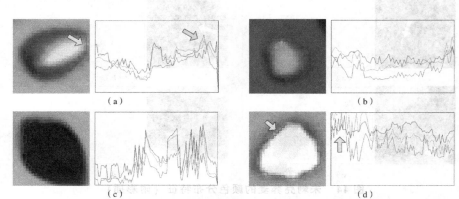

**图45 荞麦籽粒边缘的颜色分布特征（附彩插）**

图 46 所示是图像中两个典型蓝色背景区域的颜色分布，其中一个背景矩形采样于图像的暗背景区域，另一个背景矩形采样于图像的亮背景区域。从图中可以看出背景区域相对籽粒区域颜色分布均匀，分布曲线平直，B 通道灰度值最大。亮背景区域的灰度值大于暗背景区域的灰度值，其 B 通道灰度值为最大值 255。两种背景的灰度值数据见表 5 和表 6，从表中可以看出，背景 B 通道与 R 通道的灰度值之差约为 100。

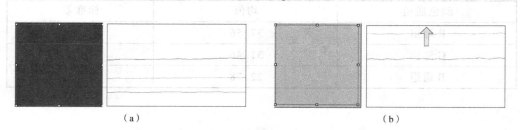

**图46 蓝色背景的颜色分布特征（附彩插）**

**表5 暗背景区域的 RGB 灰度值**

| 颜色通道 | 均值 | 标准差 |
|---|---|---|
| R 通道 | 44.86 | 0.86 |
| G 通道 | 88.70 | 1.37 |
| B 通道 | 146.73 | 1.75 |

表 6 亮背景区域的 RGB 灰度值

| 颜色通道 | 均值 | 标准差 |
|:---:|:---:|:---:|
| R 通道 | 151.27 | 1.57 |
| G 通道 | 230.68 | 1.23 |
| B 通道 | 255.00 | 0.00 |

## 3.3.2 荞麦籽粒图像的 $N \times (B-R)$ 灰度化方法

根据对未剥壳荞麦、完整荞麦米以及碎荞麦米的颜色分布分析，发现完整荞麦米和碎荞麦米籽粒内部像素点的 B 通道灰度值小于 R 通道灰度值。未剥壳荞麦褐色区域像素点的 B 通道灰度值小于 R 通道灰度值，黑色区域像素点的 B 通道灰度值与 R 通道灰度值的大小关系不确定，而且灰度值之间的差值很小。

借鉴超绿特征使用色差关系进行农作物提取的思想，结合荞麦籽粒图像中各种籽粒的颜色分布特征，本书提出了蓝色背景下荞麦籽粒图像的 $N \times (B-R)$ 灰度化方法，其中 $B$ 是像素点的 B 通道灰度值，$R$ 是像素点的 R 通道灰度值，$N$ 是比例系数（$N = 1, 2, 3, \cdots$），颜色通道的灰度值范围为 0 ~ 255。$N \times (B-R)$ 灰度化方法描述如下。

（1）像素点进行 $B-R$ 运算会使未剥壳荞麦中的褐色区域、完整荞麦米、碎荞麦米灰度值反向溢出至 0。

（2）未剥壳荞麦黑色区域像素点在 $B-R$ 运算后，或者为 0（像素点原灰度值 $B \leqslant R$）或者为一个很小的灰度值（像素点原灰度值 $B > R$）。

（3）$B-R$ 运算使蓝色背景区域像素点的灰度值为 100 左右。

（4）籽粒边缘区域像素点的灰度值会向两个方向变化，靠近背景区域的像素点变化趋势与背景相同，靠近籽粒内部区域的像素点灰度值为 0。

（5）随着比例系数 $N$ 的增加，背景灰度值增加直至 255 后维持不变。荞麦籽粒内部绝大部分像素点灰度值为 0，少量像素点灰度值增加，但增量远小于背景灰度值的增量。籽粒边缘区域的像素点灰度值增加。

图 47 所示是浅蓝色背景荞麦籽粒图像 $N \times (B - R)$ 灰度变换过程中，灰度值随比例系数 $N$ 变化情况的示意，坐标纵轴为灰度值，坐标横轴为以像素点计量的图像空间距离。图 47（a）所示为在一幅彩色荞麦籽粒图像中进行直线采样，区间 1、4、6 是浅蓝色背景，2 是完整荞麦米，3 是碎荞麦米，5 是未剥壳荞麦，右侧子图反映了区间的 R、G 和 B 通道灰度分布。从图 47（b）可以看出，$N = 1$ 时背景较暗，灰度值如箭头 1 处所示约为 130。完整荞麦米、碎荞麦米以及未剥壳荞麦的灰度值如箭头 2、3 处所示灰度值为 0。箭头 4 处的灰度值变化曲线表明未剥壳荞麦和背景之间的边缘有一个灰度过渡区域。从 $N = 1$ 变换后的灰度图像看，荞麦籽粒与背景的反差已经比较明显，并且 3 种荞麦籽粒变为一种纯黑色的形式。图 47（c）所示是 $N = 2$ 时的灰度变化结果，从箭头 3 处看出采样线位置的背景区域灰度值在 250 附近变化，还没有溢出至 255。箭头 1 处也显示背景区域中还有非纯白色的区域，也就是灰度值小于 255 的区域。箭头 2 处的小粒径碎荞麦米面积基本没有变化，这说明了 $N \times (B - R)$ 灰度变换的一个好的特性，即变换过程中基本不会产生小籽粒丢失的现象。图 47（d）所示是 $N = 3$ 时的灰度变化结果，从灰度图像整体上看，背景绝大部分区域已经变为纯白色，荞麦籽粒为纯黑色且外形和面积基本没有变化，这种灰度的分布对于进行阈值分割操作已经比较理想。从箭头 1 处看出两个籽粒中间还有少量背景区域没有溢出至纯白色。从箭头 2 和 3 处看出，采样线处的背景与完整荞麦米和碎荞麦米之间边缘清晰，灰度过渡陡直。箭头 4 处未剥壳荞麦与背景的过渡区间变化不大，这说明此处的 $B - R$ 较小，随 $N$ 的增加而增大的效果不明显。从箭头 5 处可以看出，$N = 3$ 时粘连籽粒中间的小块背景区域变得明显，这对后续的粘连分割操作有利，这也说明了 $N \times (B - R)$ 灰度变换的另一个好的特性，即对背景区域的分辨

性较好。

虽然 $N \times (B-R)$ 灰度变换在 $N=3$ 时，荞麦籽粒图像的灰度分布对于阈值分割就比较理想了，但是考虑到后续粘连分割的需要，可以继续增大 $N$ 的取值，以使荞麦籽粒的边缘进一步内缩，产生有利于粘连分割的形态变化。图 48 所示为 $N=4$ 和 $N=20$ 时 $N \times (B-R)$ 灰度变换后的荞麦籽粒图像，从图 48（a）可以看出，除了籽粒边缘还存在 0 和 255 之外灰度值的像素点，背景像素点灰度值全部为 255，籽粒内部像素点灰度值全部为 0。在图 48（b）中箭头 1 处原本轻度粘连的两个籽粒被分离，箭头 2 处的粘连区域明显减小，箭头 3 处粘连籽粒中间小块背景区域明显扩大，这些变化都有利于粘连分割。箭头 4 处的小粒径碎荞麦米在 $N=20$ 时没有丢失，只是与箭头 6 处的未剥壳荞麦一样籽粒面积稍有减小。箭头 5 处的籽粒消失是由于它属于一个籽粒的边缘部分。

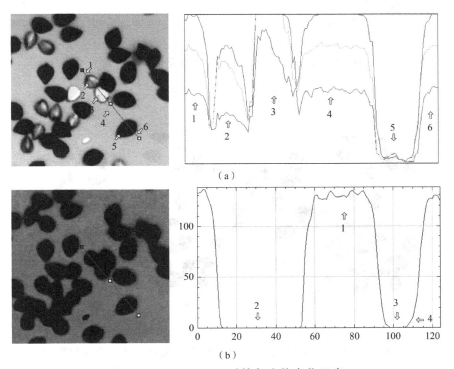

**图 47　$N \times (B-R)$ 时的灰度值变化示意**

（a）原图像；（b）$N=1$

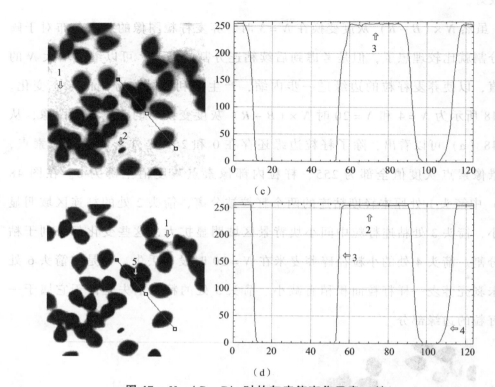

（c）

（d）

**图 47** $N \times (B - R)$ 时的灰度值变化示意（续）

（c）$N = 2$；（d）$N = 3$

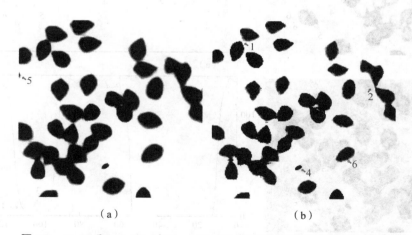

（a） （b）

**图 48** $N = 4$ 和 $N = 20$ 时 $N \times (B - R)$ 灰度变换后的荞麦籽粒图像

（a）$N = 4$；（b）$N = 20$

### 3.3.3　荞麦籽粒图像的二值化

在 $N = 20$ 时对荞麦籽粒图像进行 $N \times (B - R)$ 灰度变换，得到的灰度图像中背景区域像素点灰度值已经全部为 255，可以使用 255 为分割阈值进行背景分割，灰度值小于 255 的像素点被分割为前景区域，但这种分割在一些细节表现上弱于最大类间方差法或迭代阈值法，时效性的提高也不是十分显著。图 49 所示是使用指定阈值分割和最大类间方差法分割的效果对比图像。从图 49（a）和（b）的对比看出，两种方法都会在边缘处产生分离的像素点，如箭头 1 处所示。最大类间方差法产生的分离像素点更多，籽粒边缘相对更粗糙。最大类间方差法由于不是将所有灰度值小于 255 的像素点都认为属于前景，因此能将更多边缘区域从籽粒区域分割掉，降低了籽粒的粘连程度。从箭头 2 处可以看出，最大类间方差法分割出的粘连籽粒中间的小块背景区域明显大于指定阈值分割法。图 49（c）和（d）是使用形态学闭运算清除分离像素点后的对比图像，籽粒边缘的粗糙程度相似，但最大类间方差法形成的二值图像籽粒间粘连程度明显降低，如箭头 3 ~ 5 处所示。

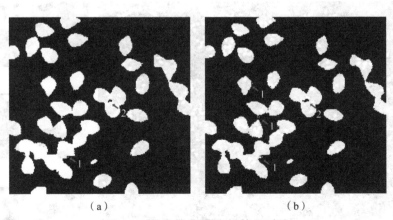

（a）　　　　　　　　　　　　（b）

**图 49　图像的背景分割效果对比**

（a）指定阈值分割；（b）最大类间方差法分割

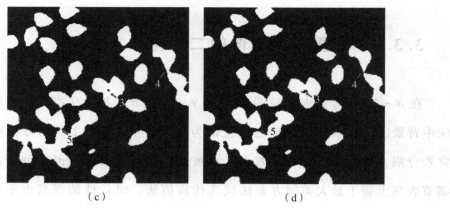

**图 49  图像的背景分割效果对比（续）**

（c）指定阈值分割后的二值图闭运算；（d）最大类间方差法分割后的二值图闭运算

图 50 所示是对在线集的一幅荞麦籽粒图像使用 $N \times (B - R)$ 灰度变换和最大类间方差法进行背景分割并使用形态学闭运算消除分离像素点后的效果。从图 50（a）可以看出光照不均匀的影响在整幅图像中完全被克服。图 50（b）显示的左上角暗区中 4 个小碎米籽粒全部没有丢失。图 50（c）中箭头所指的 3 粒粘连籽粒中间的小片背景区域，肉眼观察也较难辨别，但在分割后的二值图像中被表现出来。如图 50（d）所示，分割后的荞麦籽粒面积虽有收缩且形状稍有改变，但籽粒完整，外形清晰。

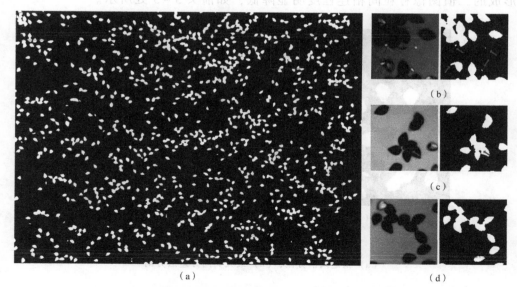

**图 50  荞麦籽粒图像的分割效果**

第4章

荞麦籽粒图像的粘连分割

# 4.1　分水岭分割算法

图像的分水岭分割算法又称为流域分割算法，最先由 BEUCHER 和 LANTUEJOUL 提出，VINCENT 和 SOILLE[125]对传统的分水岭分割算法进行了改进，形成了快速分水岭分割算法，将算法的运行时间缩短到了秒级，成为一种实用的图像分割方法。

分水岭分割算法的基本思想[126]是：将一幅待分割的图像看作地形图，在这幅地形图上，像素点的灰度值表示这个位置的高度，局部最大的灰度值对应地形图中的山峰，局部最小的灰度值对应地形图中的山谷。该算法模拟降水时雨水的运动规律，从高地势的位置向低地势的位置汇集，在图像中不同的局部低海拔点形成多个汇水盆地。当汇水盆地的水位逐渐上涨，相邻汇水盆地的水位将要汇合时，在汇合位置处筑坝形成分水岭线来阻止相邻汇水盆地水的汇合。重复执行涨水筑坝的过程直至水位涨至原来的最高海拔点时停止，这时的分水岭线就是最终的图像分割线。

分水岭分割算法具有执行速度快、形成的分割线单像素宽并且连续的优点，但在实际应用过程中针对非连续平缓的图像进行分割时常会产生过分割现象。现有解决过分割现象的方法主要有两种，一种是分割后根据邻近过分割区域之间的某种相似性进行区域合并以得到正确的分割结果，另一种是在分割之前通过特定的方法限制分割产生的子区域的数目，这种方法中最常用的是使用标记对分水岭分割进行控制。

标记控制的分水岭分割算法中，一个标记对应一个最终形成的一个连通区域，与图像中的待分割图像一一对应。除了对待分割图像进行标记外，分水岭分割算法还需要对整个背景区域进行标记。标记的提取方式多种多样，可以基于图像的灰度区域极值或区域连通性进行提取，也可以结合对象的多种特征例如形状、相对位置关系、相对距离、纹理以及尺寸进行提取。

标记控制的分水岭分割算法包含 3 个主要步骤[127]。

（1）生成标记图像和待分割图像。

标记图像是与待分割图像尺寸大小完全一致的图像，用于记录标记点的位置信息，其定义如下：

$$f_m(x,y) = \begin{cases} 1 & ,(x,y)\text{是标记像素点} \\ 0 & ,\text{其他} \end{cases} \tag{39}$$

待分割图像是将原始图像进行地形化变换后得到的图像，常用的形式有两种，一种是梯度图像，另一种是距离图像。

（2）根据标记图像中标记点的位置信息，强制将待分割图像中对应位置像素点的像素值修改为全局最小值，其他像素点的像素值按需进行"峰谷"变换，得到修正后的待分割图像。这种变换能有效克服局部极小值造成的过分割现象。

（3）对修正后的待分割图像进行分水岭分割，得到各个待分割图像的连通区域。

# 4.2 粘连荞麦籽粒图像种子点提取方法

## 4.2.1 荞麦籽粒的距离图像

由于受到噪声以及被分割图像内部纹理的影响，梯度图像中存在很多局部极值点，在实际使用分水岭分割算法进行图像分割时常会出现过分割现象，导致分割结果没有实际使用意义。图51（c）所示是荞麦籽粒RGB颜色空间B通道灰度图像转换的方向梯度图像。从箭头1处可以看出，荞麦籽粒脊线处的反光在方向梯度图像中显现为凹陷区域，箭头2处附近暗背景区域噪声造成了大量局部极值。这说明荞麦籽粒的梯度图像并不十分适合应用分水岭分割算法。

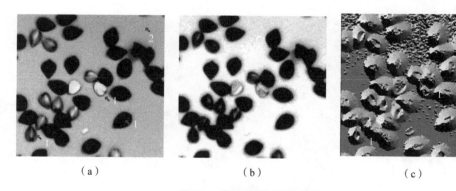

**图51 荞麦籽粒梯度图像**

（a）原图像；（b）B通道灰度图像；（c）方向梯度图像

距离变换是一种将二值图像转换为灰度梯度图像的方法，前景对象中每个像素点的灰度值是它与最近背景边界的距离值，转换公式见式（40）。

$$D(p) = \min(\text{dist}(p, q)), \ p \in O, \ q \in B \tag{40}$$

其中，$O$是前景，$B$是背景，$\text{dist}(p, q)$表示前景像素点$p$和背景像素点$q$之间的距离。常见的距离计算方式有欧氏距离、棋盘距离和城市距离等。

欧氏距离：$\mathrm{dist}(p,q) = \sqrt{(x_p - x_q)^2 + (y_p - y_q)^2}$；

棋盘距离：$\mathrm{dist}(p,q) = \max\{|x_p - x_q|, y_p - y_q|\}$；

城市距离：$\mathrm{dist}(p,q) = |x_p - x_q| + |y_p - y_q|$。

欧式距离变换的结果相对准确，但其计算也较为复杂，因此产生了很多快速欧式距离变换的方法，实际应用中也多使用这些近似欧式距离变换方法。图 52 所示是 1 粒、2 粒粘连和 3 粒粘连荞麦籽粒的距离图像，距离图像中黑色是背景，像素点的灰度值为 0。荞麦籽粒中颜色越亮的区域灰度值越大，图中箭头 1 处是亮度最高的区域，可以看出荞麦籽粒的脊线和中心是区域极大值出现的位置。箭头 2 处是 2 个籽粒粘连的位置，由于粘连不严重，没有出现堆叠的现象，所以在粘连位置出现了外形轮廓的收缩，这个位置相对于类圆形的荞麦籽粒内部，距离值较小。由经验判断，如果两个类圆形的物体发生粘连，并且在粘连处形成了双侧凹陷，那么粘连处的距离值一定比两边类圆形物体内某个点的距离值小，两边类圆形物体内区域距离极大值处于脊线和形状的中心。

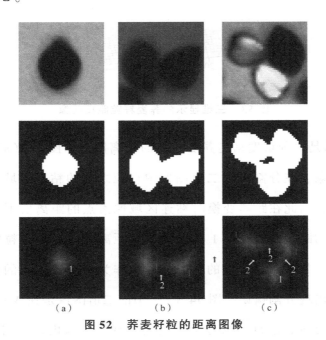

**图 52　荞麦籽粒的距离图像**

（a）1 粒；（b）2 粒粘连；（c）3 粒粘连

图 53 所示是三维显示的荞麦籽粒距离图像，图中亮黄色部分是距离值较大的区域，可以看出区域极大值出现在脊线和形状中心位置。

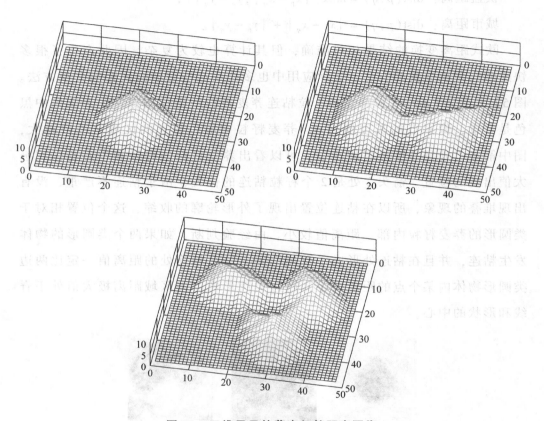

**图 53　三维显示的荞麦籽粒距离图像**

图 54 所示是两种重度粘连荞麦籽粒的距离图像。图 54（a）中 2 粒籽粒发生了堆叠现象，在分割出的二值图像中籽粒之间的粘连区域没有凹陷，如箭头 1 处所示，因此在距离变换时粘连区域像素点的距离值不会明显小于籽粒中部像素点的距离值，箭头 1 处像素点的距离值甚至比籽粒中部像素点的距离值还要大，如果以距离值的区域极大值作为分水岭分割的种子点，则在这种情况下会出现分割错误。图 54（b）中的二值图像是在 $N = 3$ 时进行 $N \times (B - R)$ 灰度变换后进行背景分割形成的，籽粒边缘内缩相对不足，导致 3 粒粘连籽粒之间的小块背景区域没有被显示出来，如箭头 2 处所示，在进行

距离变换时由于没有了中间背景区域，所有的籽粒内部像素点都与外边缘处的背景进行距离计算，这也包括了被误分割为籽粒区域的籽粒中间背景区域，最终得到的距离图像与实际籽粒的形态分布不符，从距离图像的箭头 2 处也可以看出，本应是最暗的区域反而最亮。

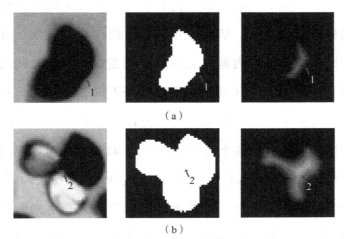

（a）

（b）

**图 54　重度粘连荞麦籽粒的距离图像**

（a）重度粘连；（b）籽粒间背景未显现

图 55 所示是这两种重度粘连荞麦籽粒距离图像的三维显示，可以从图中箭头 1 和箭头 2 处看出，原本应是距离值比较小的区域却成了粘连荞麦籽粒距离图像的峰值区域。如果以距离值的区域极大值作为分水岭分割的种子点，这些本应被分割为背景的区域会被算法认为是籽粒区域，导致分割错误。

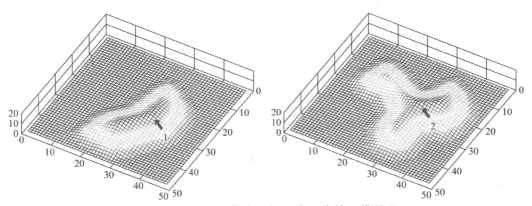

**图 55　重度粘连荞麦籽粒距离图像的三维显示**

## 4.2.2 荞麦籽粒的距离骨架图像

骨架近似图形的几何对称中心，也称为"中轴线"，是对图形对象轮廓的一种简化表达，是一种重要的形状描述特征。通过骨架能够较好地反映图形对象的拓扑结构和形状信息。早期的骨架是使用"烧草模型"来表达的——一个有封闭轮廓的图形对象内部假设被干草覆盖，在边缘处同时点火，火焰从各个方向以相同的速度向区域中心燃烧，当不同方向的火焰相遇时，这些相遇点的集合就是图形对象的骨架。现在公认的骨架定义是"最大圆盘"方式，即骨架是图形对象内部各个部分所有最大内切圆圆心点的集合。

经典的骨架提取算法有细化法、形态学法、Voronoi 图法和距离变换法等。当图形对象的轮廓比较复杂时，提取出来的骨架可能产生间断的情况，严重时会影响骨架对图形对象整体结构完整性的表达，骨架线最好是单像素的并且尽可能逼近图形对象的轮廓中心。本书使用细化法进行荞麦籽粒骨架的提取。

图 56 中第二行是使用细化法提取的荞麦籽粒骨架图像，第一行是对应荞麦籽粒的二值图像。从骨架的定义可知，骨架应是图形对象的中轴线。目前已有的骨架提取算法有上千种之多，无不围绕骨架的核心定义展开算法的设计，同时追求骨架线的单像素性、连续性以及算法的鲁棒性。从图像距离变换概念可知，图像的脊线和形状中心是区域距离极大值出现的位置。可以判断：图形对象的主干骨架线和距离图像脊线高度吻合，主干骨架线通过区域距离极大值（或近似区域距离极大值）出现的位置。图 56 中第三行是将荞麦籽粒的距离图像和骨架图像叠加显示，从箭头指示的位置可以看出，骨架线穿过了距离图像的最亮区域，也就是穿过了区域距离极大值（或近似区域距离极大值）出现的位置。

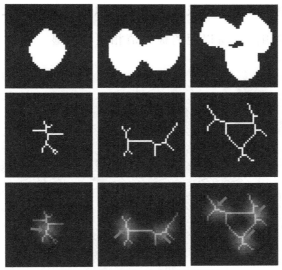

**图 56　荞麦籽粒的骨架图像**

图 57 所示是图 56 中荞麦籽粒骨架图像的三维显示。从图 57 可以看出，在骨架线位置处的像素点值为 1，非骨架线位置处的像素点值为 0。如果将图 57 所示的骨架图像与图 53 所示的距离图像进行点乘运算，就形成一幅距离骨架图像，这幅图像在原骨架线处的像素点值保留距离图像的距离值，在非骨架线位置处的像素点值为 0。

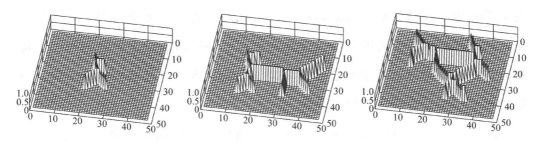

**图 57　三维显示的荞麦籽粒骨架图像**

图 58 所示是一幅距离骨架图像，左上角 3 个相互粘连的荞麦籽粒轮廓在距离骨架图像中被进行了简化表达。距离骨架图像相对骨架图像包含了更丰富的信息，骨架线处的像素点含有一种高度信号，越靠近籽粒的中心位置这个高度值越大，图中箭头所指示的是线状区域极大值出现的位置，这个极大

值是原距离图像中的区域距离极大值（或近似区域距离极大值）。由于图中 3
种籽粒的面积基本相同，所以距离极大值相差不明显。

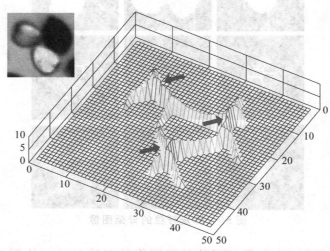

**图 58　三维显示的荞麦籽粒距离骨架图像**

## 4.2.3　区域极大值滤波提取种子点

从上一节对距离骨架图像的分析可以看出，在荞麦籽粒距离图像中，籽
粒的形状中心和脊线是区域距离极大值出现的位置，距离骨架图像形成的一
个线状区域将区域距离极大值包含在其中。本书提出的分水岭分割种子点提
取方法是在距离骨架图像上进行滑动窗口滤波，将窗口范围内的距离极大值
提取出来作为分水岭分割的种子点。

由于荞麦籽粒的局部对称性，其距离图像中的区域极大值可能不唯一。
从图 59 中 1 粒荞麦籽粒的距离值分布可看出，沿纵轴方向具有极大值（红色
区域）的像素点不止 1 个，整个荞麦籽粒中具有最大距离值（绿色区域）的
像素点有 2 个。因此，在区域极大值滤波提取种子点之前，需要先对荞麦籽
粒的距离图像进行预处理操作，以减少具有相同距离值像素点的数目。

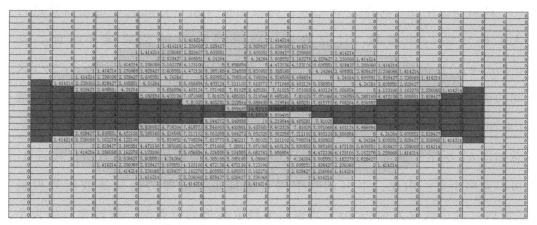

**图 59 荞麦籽粒距离图像中的局部极大值（附彩插）**

本书使用对距离图像进行高斯模糊的方法来改变像素点的距离值，减少像素点距离值重复的可能性。高斯滤波时的权值公式如式（6）所示，其中标准差 $\sigma$ 是控制周围像素点对当前像素点影响程度的参数，$\sigma$ 越大，周围像素点的权值越大，对中心像素点的影响越大，滤波效果越平滑。高斯曲面随标准差 $\sigma$ 变化的趋势如图 60 所示。从图中可以看出，如果 $\sigma$ 选择一个较小的值，例如 $\sigma = 0.3$，则中心像素点的原值对高斯滤波后像素点的取值起决定性的作用，而周围像素点的作用只是给中心像素点的最终取值带进一些随机小量，并不改变各像素点取值之间的相对大小关系。本书种子点提取试验中使用标准差为 0.3 的高斯滤波函数对荞麦籽粒距离图像进行模糊操作，以减少距离骨架图像中具有相同距离值的像素点的数目。

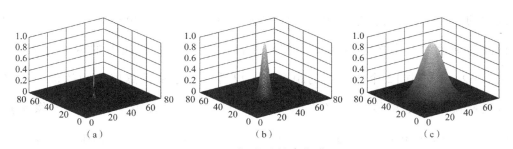

**图 60 不同标准差的高斯曲面**

（a）$\sigma = 0.3$；（b）$\sigma = 3$；（c）$\sigma = 10$

　　高斯滤波中除了标准差 $\sigma$ 之外，滤波模板（窗口）的大小也是需要进行人工确定的一个参数。计算表明：高斯函数的钟型曲线（曲面）在 $(-\sigma, +\sigma)$ 区间的面积占曲线（曲面）总面积的 68%，在 $(-2\sigma, +2\sigma)$ 区间的面积占曲线（曲面）总面积的 95%，在 $(-3\sigma, +3\sigma)$ 区间的面积占曲线（曲面）总面积的 99.7%，上述 3 个范围在一维和二维高斯函数图像中的示意如图 61 所示。通常当自变量处于 $3\sigma$ 之外时，高斯函数的函数值已接近 0，可以忽略不计。由此，本书试验中用于模糊距离图像的高斯滤波函数模板（窗口）大小选取为 $6\sigma \times 6\sigma$，当窗口半径取最近的奇数时，滤波窗口的大小为 $3 \times 3$。

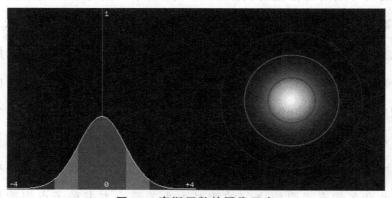

**图 61　高斯函数的图像示意**

　　图 62 所示为使用 0.3 标准差、$3 \times 3$ 窗口的高斯滤波器对荞麦籽粒距离图像进行模糊的效果示意。图 62（a）所示是一个荞麦籽粒距离图像中距离值最大的 12 个像素点，相同距离值的像素点使用相同的颜色进行了标注，其中标注为绿色的两个像素点是荞麦籽粒距离图像中距离值最大的两个像素点。从图 62（b）中 12 个像素点的距离值可以看出，原来距离值相同的像素点经过高斯模糊后距离值都已经不同，并且原来距离值大小不同的 5 组像素点（使用 5 种颜色标注）经过高斯模糊后，相对之间的大小关系仍维持不变，只是组内像素点的距离值发生了改变。

| | | |
|---|---|---|
| 9.219544 | 9.899495 | 9.219544 |
| 9.899495 | 10.63015 | 9.848858 |
| 10 | 10.63015 | 9.899495 |
| 9.848858 | 10 | 9.219544 |

| | | |
|---|---|---|
| 9.219128 | 9.894469 | 9.218935 |
| 9.896624 | 10.62155 | 9.846166 |
| 9.89761 | 10.62251 | 9.896049 |
| 9.844959 | 9.896988 | 9.219959 |

（a）　　　　　　　　　　　（b）

**图 62　高斯模糊效果示意（附彩插）**

（a）高斯模糊前；（b）高斯模糊后

试验在不采用高斯模糊和采用高斯模糊两种情况下，对一幅荞麦籽粒距离骨架图像进行区域极大值滤波提取种子点的情况进行对比。图 63 所示是两种种子点标记图像的局部对比，可以看出，经过高斯模糊后绿色圆圈中的重复种子点得到了抑制，区域内只剩下一个有效种子点。这幅图像整体的种子点数目由 1 389 个减少为 975 个。

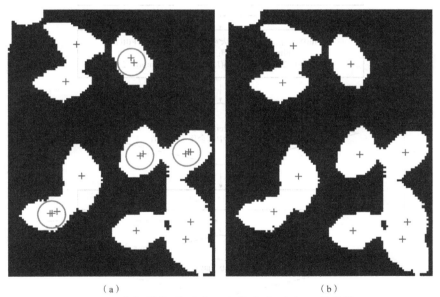

（a）　　　　　　　　　　　（b）

**图 63　高斯模糊前后种子点的变化对比（附彩插）**

（a）未进行高斯模糊；（b）进行了高斯模糊

图 64 所示是分水岭分割种子点提取算法的流程，算法中定义了一个与原图像相同大小的标记矩阵 **imSeed**，用来存储种子点在图像中的位置信息，定义的位置矩阵 **posTemp** 用来进行算法的加速。**posTemp** 中存储的是距离骨架图像中非零像素点的坐标，在滤波时滑动窗口的中心点只在 **posTemp** 中标记

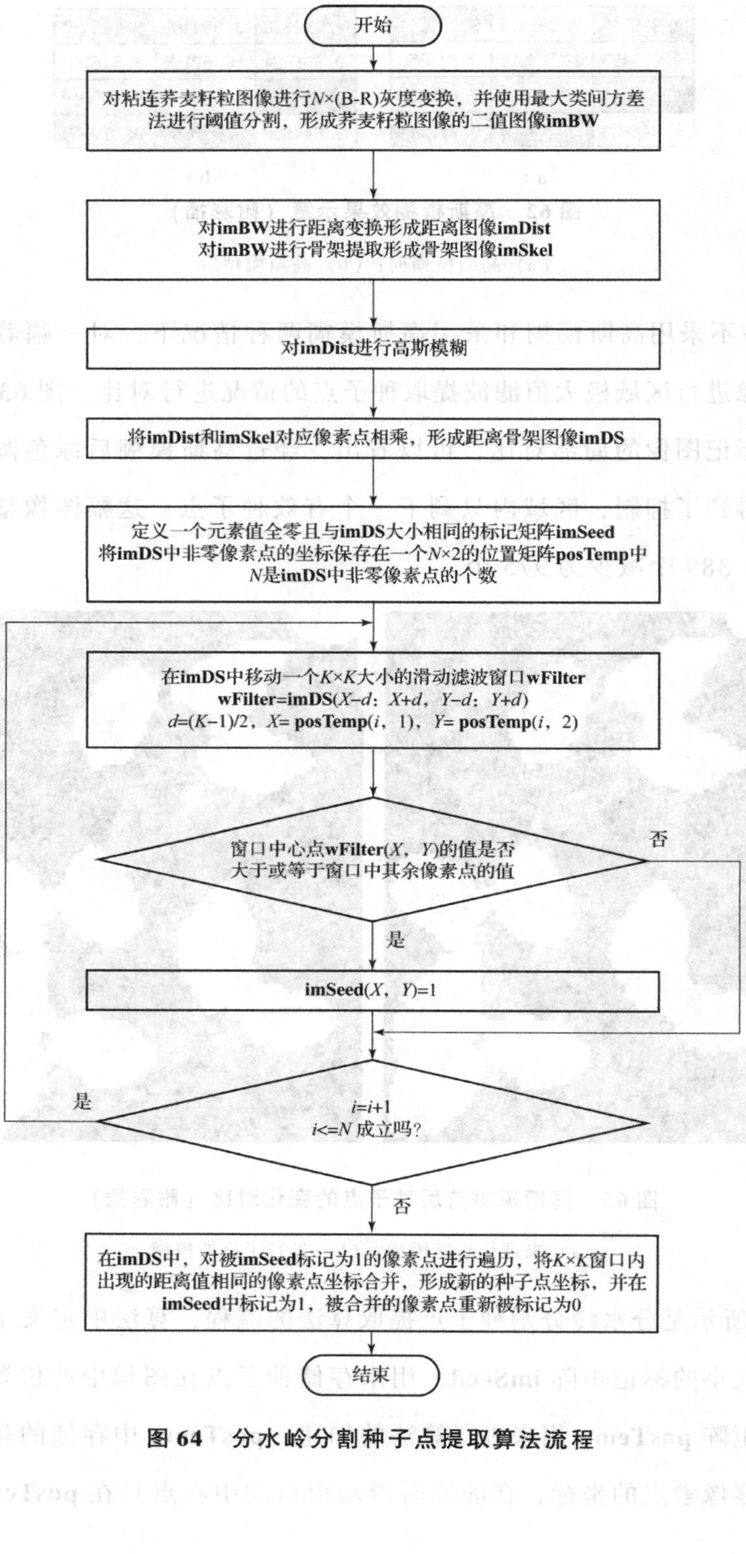

```
                        ┌─────────┐
                        │  开始   │
                        └────┬────┘
                             │
┌───────────────────────────┴───────────────────────────┐
│ 对粘连荞麦籽粒图像进行N×(B-R)灰度变换，并使用最大类间方差 │
│ 法进行阈值分割，形成荞麦籽粒图像的二值图像imBW           │
└───────────────────────────┬───────────────────────────┘
                             │
┌───────────────────────────┴───────────────────────────┐
│ 对imBW进行距离变换形成距离图像imDist                     │
│ 对imBW进行骨架提取形成骨架图像imSkel                     │
└───────────────────────────┬───────────────────────────┘
                             │
┌───────────────────────────┴───────────────────────────┐
│ 对imDist进行高斯模糊                                     │
└───────────────────────────┬───────────────────────────┘
                             │
┌───────────────────────────┴───────────────────────────┐
│ 将imDist和imSkel对应像素点相乘，形成距离骨架图像imDS     │
└───────────────────────────┬───────────────────────────┘
                             │
┌───────────────────────────┴───────────────────────────┐
│ 定义一个元素值全零且与imDS大小相同的标记矩阵imSeed       │
│ 将imDS中非零像素点的坐标保存在一个N×2的位置矩阵posTemp中 │
│ N是imDS中非零像素点的个数                                │
└───────────────────────────┬───────────────────────────┘
```

在imDS中移动一个K×K大小的滑动滤波窗口wFilter
wFilter=imDS(X−d：X+d，Y−d：Y+d)
d=(K−1)/2，X= posTemp(i，1)，Y= posTemp(i，2)

窗口中心点wFilter(X，Y)的值是否
大于或等于窗口中其余像素点的值 ——否——┐

是

imSeed(X，Y)=1

i=i+1
i<=N 成立吗? ——是——┐

否

在imDS中，对被imSeed标记为1的像素点进行遍历，将K×K窗口内
出现的距离值相同的像素点坐标合并，形成新的种子点坐标，并在
imSeed中标记为1，被合并的像素点重新被标记为0

```
                        ┌─────────┐
                        │  结束   │
                        └─────────┘
```

**图 64　分水岭分割种子点提取算法流程**

的位置移动，相比遍历整幅图像耗时减少为原来的 1% 。由于高斯模糊不能完全避免滑动窗口中出现相同距离值的像素点，所以在完成种子点标记矩阵 **imSeed** 的标记后，还需对 **imSeed** 进行窗口范围内相同距离值种子点的合并。算法中滑动滤波窗口的大小选定为 13，这是未剥壳荞麦短轴平均长度的一半。

图 65 所示是种子点提取的局部效果图像，上半部为原始图像，下半部是经过去边缘处籽粒操作的标记图像。在箭头 1 所指处可看出，还有两处高斯模糊未处理掉的重复种子点，并且箭头 1 处的一个荞麦籽粒被错误地标记为 2 个籽粒，从图中看出这是因为这个荞麦籽粒在 $N \times (B - R)$ 灰度变换时产生了过度的收缩，籽粒腰部出现了凹陷，被提取算法误认为是 2 个籽粒的粘连部分。箭头 2 处也产生了一处标记错误，1 粒和完整荞麦米粘连的碎荞麦米没有被标记，原因是在距离图像中 2 个大小悬殊的籽粒之间没有形成清晰的凹陷，形态上小籽粒成为大籽粒的一部分。在箭头 5 和箭头 7 处，大籽粒和小籽粒粘连的情况下，2 粒籽粒都被正确地进行了种子点标记。箭头 3 指示的相互粘连的 2 个籽粒，在粘连处只有一侧出现了凹陷，也被正确地进行了种子点标记。箭头 9 指示的是重度粘连的 2 个籽粒，在距离图像中粘连处凹陷不明显，但在长轴方向较长，长度超过滑动滤波窗口的宽度较多，这种情况能够被正确地标记。由于荞麦籽粒是在光滑的籽粒滑动托板上滑动下落时被采集图像，像箭头 4 指示处多粒籽粒首尾相连的情况较为常见，从图中可以看出，这种籽粒粘连形态能够被很好地进行标记。箭头 6 处是 3 粒荞麦籽粒之间相互粘连的情况，这是荞麦籽粒图像中另外一种常见的粘连形态，如果籽粒之间的小块背景区域在背景分割时能够被显现出来，籽粒就能够被准确地标记。箭头 8 处与箭头 6 处相同，都是 3 粒籽粒相互粘连的形态，但箭头 8 处的粘连情况更为复杂，籽粒之间的背景区域面积更小，其中的两粒籽粒粘连非常严重，但从图中看出这种情况下 3 个籽粒都被标记出来，只是粘连严重的 2 粒籽粒的种子点相邻较近。

位也越精确。相比较以二值图像和图像灰度作为基准的1点。白色点以实心圆形表示其种子点的存储位置，而在出现相邻距离值高的象素点。距离有效检查的种子点。1算种imSeed所标记的种子

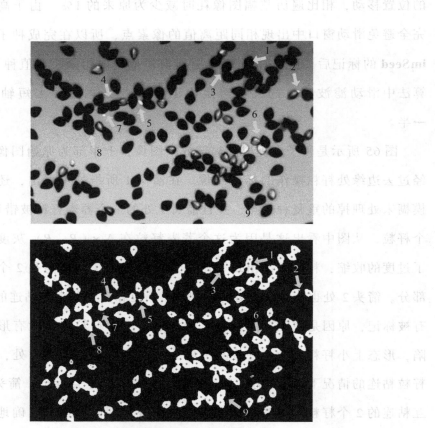

**图65　种子点提取的局部效果图像**

图66所示是种子点合并的算法流程。种子点合并的功能是将高斯模糊没能消除的滤波窗口范围内距离值相同的种子点进行合并，取被合并几个种子点坐标的平均值作为新形成种子点的坐标值。该算法定义了一个 $N \times 4$ 的标记矩阵 **lab**，**lab** 的第一列为种子点的横坐标，第二列为种子点的纵坐标，第三列是对应距离骨架图像 **imDS** 中的距离值，第四列是标记位，1表示是种子点，0表示不是种子点。首先将 **imSeed** 中所有种子点的信息依次保存在 **lab** 中，然后定义两个位置变量 $i$ 和 $j$，$i$ 在 **lab** 中定位滑动滤波窗口中心像素点的位置，$j$ 从 **lab** 中 $i+1$ 位置开始，向后扫描所有在 $i$ 定位的滑动滤波窗口内的种子点，当 $j$ 扫描到的种子点满足以下3个条件：

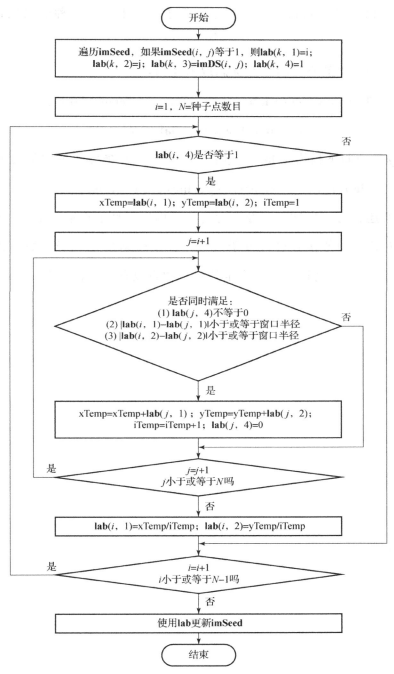

图 66　种子点合并的算法流程

（1）$\mathbf{lab}(j,4)$ 不等于 0；

（2）$|\mathbf{lab}(i,1) - \mathbf{lab}(j,1)|$ 小于或等于窗口半径；

（3）$|\mathbf{lab}(i,2)-\mathbf{lab}(j,2)|$小于或等于窗口半径（是种子点且在滤波窗口内），

就进行种子点的坐标提取及标志取消操作：

$$xTemp = xTemp + \mathbf{lab}(j,1)\text{；}\quad yTemp = yTemp + \mathbf{lab}(j,2)\text{；}$$

$$iTemp = iTemp + 1\text{；}\quad \mathbf{lab}(j,4) = 0$$

当在 $j$ 的控制下扫描完 $\mathbf{lab}$ 一遍后，执行种子点坐标的平均化操作：

$$\mathbf{lab}(i,1) = xTemp/iTemp\text{；}\quad \mathbf{lab}(i,2) = yTemp/iTemp$$

如前所述，对一幅试验图像进行高斯模糊后，种子点数目由 1 389 个减为 975 个，对这幅图像接着进行种子点合并，试验结果是种子点数目由 975 个减为 962 个，13 个高斯模糊未完全处理掉的重复种子点被合并。

图 66　种子点合并的流程

## 4.3　种子点控制的粘连荞麦籽粒分水岭分割

从图 65 所示的种子点提取的局部效果图像看出，使用本书提出的种子点提取算法所提取的种子点基本处于荞麦籽粒的形状中心，再经过种子点合并算法处理后，保证了一个荞麦籽粒中只有一个种子点。使用分水岭分割算法进行荞麦籽粒的粘连分割时，以提取出的种子点作为待分割荞麦籽粒距离图像中汇水盆地的起始点，可以克服局部极小值造成的过分割现象，一个种子点对应一个分割出的区域，一个区域对应一个荞麦籽粒。种子点控制的粘连荞麦籽粒图像分水岭分割流程如图 67 所示。

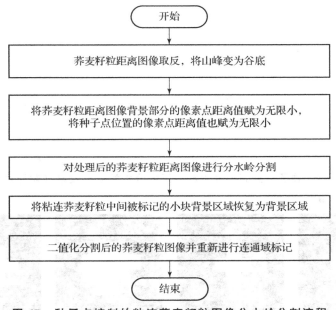

**图 67　种子点控制的粘连荞麦籽粒图像分水岭分割流程**

图 68 所示为种子点控制的分水岭分割后的全幅荞麦籽粒图像，使用伪彩色对分割后的荞麦籽粒进行显示。图像中的荞麦籽粒没有发生过分割的现象，

一个种子点对应一个分割后被标记的连通区域。这幅图像中分割前种子点的总数是 962 个，分割后的连通区域总数是 953 个，减少了的 9 个连通区域是分割时损失了的小碎米区域。造成这些小碎米区域消失的原因，是这些小碎米区域在距离图像中的面积太小，虽然种子点提取算法正确地进行了标记，如图 69 所示，但种子点与背景之间只间隔一个像素点的宽度，在分水岭分割时不能形成汇水盆地和堤坝。台架预试验中调整吸风分离器进风口的目标是在不使未剥壳荞麦和完整荞麦米被吸走的同时尽量减少小碎米落入籽粒滑动托板表面，由于小碎米的产生和运动方式具有较强的随机性，它的数量在试验中实际是一种干扰信号，因此分水岭分割中面积较小的小碎米的消失不会对试验结果造成显著的影响。

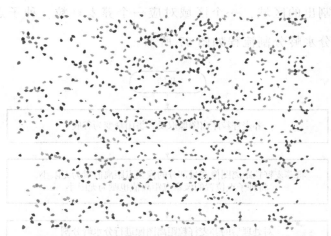

图 68　种子点控制的荞麦籽粒图像分水岭分割效果（附彩插）

图 69　小碎米中的种子点

由于图像中的荞麦籽粒较小且在 $N \times (B - R)$ 灰度变换时使用了较大的 $N$ 进行边缘内缩，所以在叠加分水岭分割时造成变形，试验中分水岭分割后的荞麦籽粒变形较大，如图 70 所示。图中箭头 1 处的荞麦籽粒已经完全失去了原有的形状特征，箭头 2 处的荞麦籽粒由于分割线的影响，从分割后的区域形状已判断不出分割前是完整荞麦米、未剥壳荞麦还是碎荞麦米。从这里的分析也可以看出，在后续设计分类器进行荞麦籽粒所属种类的识别时，形状特征中的某些与外形特点有关的特征将不能使用。

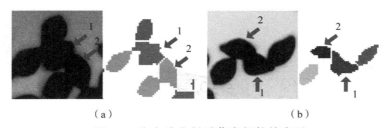

（a）　　　　　　　　　　　　（b）

**图 70　分水岭分割后荞麦籽粒的变形**

本书在样本标记过程中统计正确分割籽粒数占总籽粒数的比例（方法和数量见5.1 和 5.3 节），测得试验中的粘连籽粒平均正确分割率为97.8%。

第5章

荞麦剥出物成分识别与
剥壳性能参数检测

# 5.1　籽粒样本的交互式快速标注

在模式识别、机器学习以及人工智能领域，通常需要将样本分为 3 个部分——训练集、验证集和测试集，算法使用这些已知类别的样本进行分类器结构的确定、参数的调整以及分类性能的评估。为了提高分类器的性能，需要大量经过标注的样本对分类器进行训练和测试，而样本的标注却是个费时费力的工作，不容易获取大量经过正确标记的样本，数据（样本）采集和标注行业是一个重人力的劳动密集型行业[128]。随着人工智能应用领域的逐步铺开，为了降低数据标注的成本，有越来越多的专业数据标注和采集公司出现，也有了兼职从事样本标注的"众包"模式[129-130]。

在实际的样本标注中，有很多软件工具可以使用，例如 LabelImg、RectLabel、yolomark、Vatic、VIA 等。这些软件工具大多需要手工逐个将待标记的图像对象圈选，然后给定类别标签，示例如图 71[131]所示。本书试验中采集到的一幅荞麦籽粒图像中籽粒数目在 900 粒左右，并且籽粒面积较小，如果使用一般的标注软件，通过手工划线圈定籽粒范围，除了工作量大、速度慢之外，也容易造成籽粒边缘部分的圈选不精确。

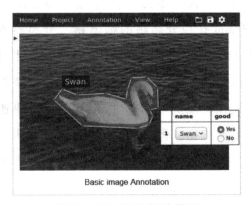

**图 71　VIA 标注软件界面**

本书针对荞麦籽粒图像中样本标注工作量大、标注速度慢的实际问题，提出了一种交互式快速标注方法并使用 Matlab GUI 进行了软件实现。图 72 所示是这种交互式标注软件的界面。选择标记对象所在的图像后，左侧"整体图像"窗口显示标记对象在图像中所处的位置，右侧"区域图像"窗口放大显示外接矩形框的标记对象以及附近的荞麦籽粒。由于在背景分割时选择 $N=20$，产生了边缘内缩效应，外接矩形框没有包含整个籽粒对象。单击右下部"未剥壳""整米""碎米"和"误分割"4 个按钮或按下按钮对应的键盘快捷键，可以将当前籽粒对象标记为对应的类型，并继续显示下一个待标记籽粒。本书试验设定了一种误分割类型，对粘连籽粒分割时产生的错误分割区域进行标记，经识别后不计入统计数据范围，以减少统计误差。使用这种交互式标记软件，可以进行籽粒样本的快速标记，标记一个籽粒平均用时小于 1.5 s。

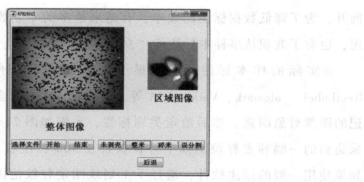

**图 72　交互式标注软件的界面**

传统的荞麦剥出物分类使用通过分离筛进行筛分的方法，例如去粉时使用 20 目筛，碎米为 3 mm 孔径分离筛的筛下物，分离荞麦米时使用筛孔直径比粒径小 0.2 mm 的分离筛[132]。这种方法将完整荞麦米和半整荞麦米认为是相同的种类。在基于机器视觉的荞麦籽粒分类中，依靠的是籽粒的颜色、形状以及纹理特征，尤其在荞麦籽粒样本的人工交互式快速标注过程中，人的主观性观察是分类的主要依据。图 73 所示是荞麦籽粒人工标注时的主观判断方法。未剥壳荞麦表皮颜色为黑褐色，在短快门时间拍照的情况下，获得的未剥壳荞麦图像表面几乎为纯黑色，与完整荞麦米、碎荞麦米以及蓝色背景明显不同，人工标注时确定它的类别最为容易。有时未剥壳荞麦会有局部表皮破损，如图 73（a）中最右一幅图像，标注时需要注意与未剥壳荞麦和完整荞麦米粘连的情况进行区分。完整荞麦米的外形为三棱卵圆形，表面颜色呈绿棕色，中部脊线位置附近处有明显的条状反光区域。标注完整荞麦米时不应只观察最大外接矩形框内的部分，虽然代表籽粒的连通区域在最大外接矩形框内，特征计算和识别都针对这个连通区域内的像素点集合，但同时观察落在外接矩形框外的籽粒部分可以更容易判断籽粒的所属类别。碎荞麦米的主要特征是破碎导致的乳白色果肉外露和外形变小，因此以外接矩形框内的区域大部分是白色或面积较小判断是否是碎荞麦米。由于在对荞麦籽粒图像进行分水岭分割之前使用已提取的种子点作为控制标记，所以分割后的籽粒基本不会出现过分割现象，只要外接矩形框中包含 2 个或 2 个以上的籽粒就可以认定为误分割类型。

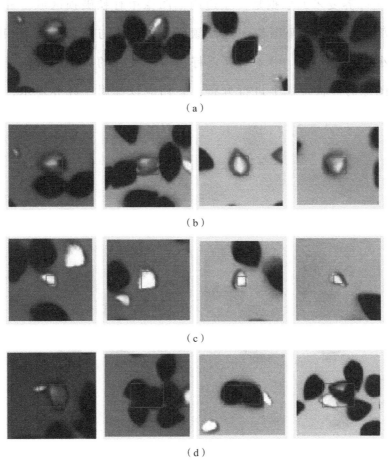

（a）

（b）

（c）

（d）

**图 73　荞麦籽粒人工标注时的主观判断方法（附彩插）**

（a）未剥壳荞麦；（b）完整荞麦米；（c）碎荞麦米；（d）误分割荞麦

荞麦籽粒图像中未剥壳荞麦的颜色特征单一，与完整荞麦米和碎荞麦米的区别明显，确定它的类别相对容易。试验中设定的误分割类型的判断也不难。如果完整荞麦米和碎荞麦米的籽粒特征很典型，对它们进行区分也不会存在问题。如果完整荞麦米和碎荞麦米的籽粒特征不是很典型，那么对它们进行区分就会是一个主观性较强的工作。如图74（a）所示，有些完整荞麦米在剥壳过程中会产生局部的表皮破损，显露出内部果肉，与典型的完整荞麦米在颜色分布上略有不同，如果破损面积不大且粒形保持完整就可以认定为完整荞麦米，但破损区域大小及粒形完整性判断具有一定的主观性。图74（b）中判定碎荞麦米的依据是：左边两幅图像中籽粒破损区域占外接矩形框中的绝大部分，右边两幅图像中籽粒颜色分布虽然与完整荞麦米相同，但外形明显偏小。图74（c）中4个荞麦籽粒所属类别的界定更加困难，如果单独从原始图像的形状特征上进行分析，它们应该都属于碎荞麦米，只不过是

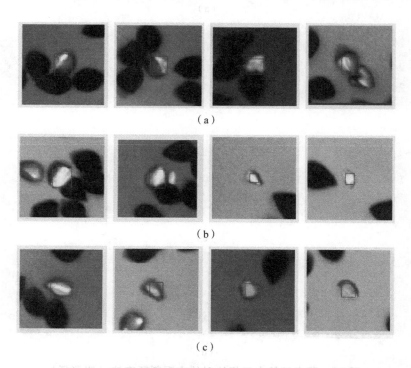

（a）

（b）

（c）

**图 74　完整荞麦米和碎荞麦米的区分（附彩插）**

（a）完整荞麦米；（b）碎荞麦米；（c）界定困难的荞麦米

籽粒大小不同。但由于边缘内缩以及叠加分水岭分割造成的变形，分割后的完整荞麦米会有很多籽粒会失去完整外形，尤其是与其他籽粒有粘连的那些完整荞麦米，如果主要以形状作为样本标注的判断依据，那就会在后续的识别过程中将这些完整荞麦米识别为碎荞麦米。本书在样本标注过程中主要以颜色分布和籽粒大小为依据进行判定，因此图 74（c）中后 2 个籽粒被判定为完整荞麦米，前 2 个籽粒判定为碎荞麦米。

## 5.2 荞麦籽粒特征的提取

荞麦籽粒分类器识别的准确率除了与其本身的类型和结构有关外，还与籽粒特征的选择和提取密切相关[133]。由于荞麦剥壳性能参数的检测要求在线进行，并且一幅图像中含有近千粒不同类型的荞麦籽粒，经分割后的荞麦籽粒需逐粒进行特征提取和识别，因此对特征提取的时效性要求较高，特征的种类应少而有效，并且特征值的计算不能过于复杂耗时。为了能够更有效地进行荞麦籽粒的粘连分割，在 $N \times (B - R)$ 灰度变换时对籽粒进行了一定强度的边缘内缩，叠加分水岭分割造成的籽粒外形变化导致籽粒的形态特征不适用于荞麦籽粒的分类识别。

颜色、形状和纹理是模式识别中的常用特征，由于单一特征不易解决多类型对象的识别问题，所以应用中一般采用多特征组合以增强分类器的识别能力。在对时效性要求不高的一些应用中，常见的做法是尽量多地提取有可能有效的特征，然后使用降维的方法或特征有效性分析的方法进行缩减特征数量的处理。本书在选择特征时受到形态特征不能使用以及特征计算不能复杂耗时的限制，因此只选择了颜色与纹理特征中的灰度均值、标准差、偏度和峰度，形状特征中与形态相关度较小的面积、长轴长度、短轴长度和周长作为候选特征，以人工分析的方式从中选择部分最终使用的特征。灰度均值、标准差、偏度和峰度分别计算 RGB、HSV 和 L＊a＊b＊颜色空间中的 3 个颜色通道，共 36 个统计参数。灰度均值、标准差、偏度和峰度的计算公式如式（41）~式（44）所示，式中 $L$ 为图像的灰度级数，$p(i)$ 为灰度值为 $i$ 的像素点的分布概率。

$$m = \sum_{i=0}^{L-1} i \times p(i) \tag{41}$$

$$\sigma = \sqrt{\sum_{i=0}^{L-1} (i-m)^2 \times p(i)} \qquad (42)$$

$$S = \frac{1}{\sigma^3} \sum_{i=0}^{L-1} (i-m)^3 \times p(i) \qquad (43)$$

$$K = \frac{1}{\sigma^4} \sum_{i=0}^{L-1} (i-m)^4 \times p(i) \qquad (44)$$

随机选取 5 幅在线采集到的荞麦籽粒图像,从每幅图像中各随机挑选 20 粒未剥壳荞麦、完整荞麦米、碎荞麦米以及误分割籽粒区域,每种共 100 粒。分别计算这 4 种荞麦籽粒区域在 RGB、HSV 和 L*a*b* 颜色空间 3 个颜色通道灰度图像中的灰度均值特征、标准差特征、偏度特征以及峰度特征的平均值,见表 7 ~ 表 10。表 11 所示是这 4 种荞麦籽粒区域的面积、长轴长度、短轴长度以及周长的平均值。

从表 7 看出,4 种荞麦籽粒区域在 RGB 颜色空间各颜色通道中的灰度均值均有明显的差异,其中以 G 通道中差异最为显著。在 HSV 颜色空间 H 通道中,完整荞麦米和碎荞麦米差异不大。未剥壳荞麦和误分割区域在 H 通道和 S 通道中都没有明显的差别。在 L*a*b* 颜色空间 a* 通道中,完整荞麦米和碎荞麦米没有明显的区别,在 L* 通道和 b* 通道中 4 种荞麦籽粒的可区分性与在 RGB 颜色空间各通道中近似。

**表 7　荞麦籽粒的灰度均值特征**

| 籽粒类型 | R | G | B | H | S | V | L* | a* | b* |
|---|---|---|---|---|---|---|---|---|---|
| 未剥壳荞麦 | 12.86 | 12.30 | 11.10 | 0.33 | 0.35 | 0.06 | 3.93 | - 0.01 | 0.81 |
| 完整荞麦米 | 132.29 | 126.20 | 70.02 | 0.17 | 0.46 | 0.53 | 51.63 | - 5.53 | 30.43 |
| 碎荞麦米 | 220.24 | 224.80 | 196.92 | 0.18 | 0.15 | 0.89 | 88.14 | - 5.93 | 13.30 |
| 误分割区域 | 38.92 | 39.90 | 28.68 | 0.30 | 0.37 | 0.17 | 15.06 | - 2.29 | 6.10 |

从表 8 看出,标准差特征的区分能力较灰度均值有明显的下降,V 通道中未剥壳荞麦与别的种类有明显不同,b* 通道还保持了较好的区分能力,在其余的颜色通道总有两种籽粒类型之间区分不够明显。

表8　荞麦籽粒的标准差特征

| 籽粒类型 | R | G | B | H | S | V | L* | a* | b* |
|---|---|---|---|---|---|---|---|---|---|
| 未剥壳荞麦 | 6.47 | 6.84 | 5.91 | 0.27 | 0.19 | 0.03 | 2.57 | 1.75 | 2.12 |
| 完整荞麦米 | 46.37 | 43.36 | 20.99 | 0.09 | 0.15 | 0.18 | 16.64 | 6.50 | 15.45 |
| 碎荞麦米 | 31.43 | 30.21 | 29.85 | 0.14 | 0.08 | 0.11 | 10.94 | 6.66 | 31.43 |
| 误分割区域 | 27.00 | 29.02 | 22.30 | 0.20 | 0.17 | 0.11 | 11.37 | 3.57 | 5.76 |

从表9看出，碎荞麦米在RGB颜色空间的偏度特征十分突出，与其他种类的荞麦籽粒有明显的不同，使用这个特征能够在4种籽粒区域中较好地识别出碎荞麦米区域。b*通道的区分能力下降，不能很好地区分碎荞麦米和未剥壳荞麦。

表9　荞麦籽粒的偏度特征

| 籽粒类型 | R | G | B | H | S | V | L* | a* | b* |
|---|---|---|---|---|---|---|---|---|---|
| 未剥壳荞麦 | 6.42 | 7.42 | 6.61 | 0.14 | 0.05 | 0.03 | 3.10 | -1.00 | 0.62 |
| 完整荞麦米 | 18.29 | 20.23 | 14.17 | 0.14 | -0.15 | 0.07 | 4.98 | 1.26 | -5.43 |
| 碎荞麦米 | -28.56 | -26.86 | -12.71 | 0.17 | 0.02 | -0.11 | -9.99 | -2.58 | 0.66 |
| 误分割区域 | 25.79 | 29.19 | 25.25 | 0.16 | 0.06 | 0.11 | 11.19 | -3.18 | 2.70 |

从表10看出，荞麦籽粒在各个颜色通道的峰度特征的区分能力都没有明显好于其他3种特征之处。

表10　荞麦籽粒的峰度特征

| 籽粒类型 | R | G | B | H | S | V | L* | a* | b* |
|---|---|---|---|---|---|---|---|---|---|
| 未剥壳荞麦 | 9.68 | 10.89 | 9.28 | 0.33 | 0.24 | 0.04 | 4.33 | 3.15 | 3.22 |
| 完整荞麦米 | 57.69 | 55.44 | 29.13 | 0.19 | 0.20 | 0.22 | 21.14 | 8.51 | 18.53 |
| 碎荞麦米 | 42.65 | 41.18 | 38.82 | 0.24 | 0.11 | 0.15 | 15.04 | 9.40 | 11.11 |
| 误分割区域 | 36.62 | 39.52 | 32.54 | 0.28 | 0.21 | 0.15 | 15.32 | 5.23 | 7.82 |

从表11看出，误分割区域的面积明显大于其余3种籽粒区域，这在识别

时能较好地弥补上述 4 种颜色和纹理特征中误分割区域特征不显著的缺陷。相对面积特征，长轴长度、短轴长度以及周长虽然都大于其余 3 种籽粒，但区分性不是很明显。碎荞麦米的 4 种尺寸特征相对也较为明显。

表 11　荞麦籽粒的形状特征

| 籽粒类型 | 面积 | 长轴长度 | 短轴长度 | 周长 |
|---|---|---|---|---|
| 未剥壳荞麦 | 278.99 | 23.43 | 15.55 | 62.85 |
| 完整荞麦米 | 272.12 | 21.31 | 16.63 | 58.77 |
| 碎荞麦米 | 114.45 | 13.75 | 9.19 | 34.39 |
| 误分割区域 | 372.63 | 27.39 | 16.64 | 74.99 |

综合以上对初选特征的观察与分析，得出以下特征选择结论。

（1）HSV 颜色空间各通道的初选特征由于没有均衡且突出的区分能力，不选择作为荞麦籽粒识别的特征。

（2）虽然 $L^*a^*b^*$ 颜色空间 $b^*$ 通道初选特征有较好的区分能力，但考虑到 RGB 颜色空间转换到 $L^*a^*b^*$ 颜色空间耗时较长，且 $b^*$ 通道也没有明显好于 RGB 颜色空间的各个通道，因此不选择 $L^*a^*b^*$ 颜色空间的特征。

（3）峰度特征计算量较大且区分能力相对没有明显优势，因此不选择作为最终使用的荞麦籽粒特征。

（4）选择 RGB 颜色空间 3 个通道的灰度均值、标准差和偏度，形状特征中与形态无关的面积、长轴长度、短轴长度和周长，共 13 个特征作为最终使用的荞麦籽粒特征。

# 5.3 荞麦剥出物中籽粒类别的识别

## 5.3.1 神经网络识别方法

在荞麦籽粒的特征选择和提取完成后，需要进行模式识别分类器的设计与实现，使用分类器对在线采集到的荞麦剥壳机出料口荞麦剥出物图像中各种荞麦籽粒类型进行识别并分类计数，根据每种类型所含籽粒的个数分析荞麦剥壳机当前的剥壳性能。

模式识别是对图像或各种物理对象与过程进行分类和描述的科学[134]，其研究目的是使计算机能够自动分类和识别图像中的各种对象。通常针对不同的研究对象和应用场合，可采用不同的模式识别方法和理论[135]，常见的模式识别方法有以下几种。

（1）模板匹配方法。

模板匹配又称为相似性匹配[136]，其基本原理是将待分类样本与已知样本进行比较，通过待分类样本的特征向量与已知样本的特征向量的距离相近程度进行分类。距离的度量方式常见的有欧氏距离、马哈拉比距离以及夹角余弦距离等。

（2）统计学方法。

统计学方法是使用统计决策与估计理论作为理论基础进行分类识别的方法。统计识别分类器需要先提取待分类样本的一些统计特征，例如先验和后验概率等，对数据进行处理后使用这些统计特征进行样本的分类和识别。常见的统计识别分类器有聚类分类器、贝叶斯分类器、线性分类器等。

（3）模糊识别方法。

模糊识别是基于模糊数学的理论和方法来进行分类识别，它适用于识别对象或识别结果具有一定模糊性的应用场景。常见的方法有模糊聚类分析、模糊相似性选择等。模糊识别方法的关键是建立良好的隶属函数。

（4）人工神经网络方法。

人工神经网络（Artificial Neural Network，ANN）简称神经网络，它是利用大量简单的处理单元（神经元）来代替人脑神经细胞，并将这些处理单元按照某种方式相互连接形成网络，用以模拟人脑的信息处理机制[137]。神经网络由大量的神经元交互连接而成，其并行结构特性使它具有高速并行处理信息的能力，适用于实时应用场景。神经网络具有良好的自组织和自学习能力，能够通过对输入的大量学习样本进行分析学习，找到特征和类别的对应关系并将这种学习得到的知识存储于神经元及其连接关系上。神经网络还具有良好的容错性能，能够处理受到噪声污染和受损的图像。

神经网络识别方法具有运行速度快、自学习自组织能力强以及容错性能好的特点，非常适合解决以下荞麦剥壳性能参数在线检测中的问题。

（1）检测的在线运行要求包括模式识别在内的各处理环节时效性要好。

（2）人工对各种籽粒进行分类具有一定的主观性，需要挖掘籽粒特征和籽粒类别之间的内在联系。

（3）荞麦籽粒图像成像质量不好，籽粒形态有变形。

因此，本书选用神经网络识别方法进行荞麦籽粒的分类识别。

神经网络根据神经元之间连接的拓扑结构可分为分层网络和相互连接型网络两大类型。目前使用最广泛的神经网络模型是 BP 神经网络，它采用误差反向传播（Error – Back – Propagation）的方法进行网络训练。BP 神经网络是分层前向网络形式，它由顺序连接的输入层、中间层和输出层组成，中间层可以有一层或多层。输入层接收输入信号并经该层神经元传递至后续的中间层。中间层因为不与外部输入/输出信号直接相连接故又称为隐含层，它承担 BP

神经网络的处理功能。输出层负责输出 BP 神经网络的运行结果。

图 75 所示为神经网络中的神经元模型，它是对生物神经元的模拟与抽象。人工神经元类似一个多输入单输出的阈值器件。$X_1$，$X_2$，…，$X_n$ 表示它的 $n$ 个输入，$W_{i1}$，$W_{i2}$，…，$W_{in}$ 表示每个输入的连接强度，它的值称为连接权值。$\sum$ 表示这个神经元的总输入 $\sum W_i X_i$，称为激活值。$Y_i$ 表示这个神经元的输出。$\theta_i$ 表示这个神经元的阈值，如果输入信号的加权和超过 $\theta_i$，则神经元被激活，所以神经元的输出可以描述为

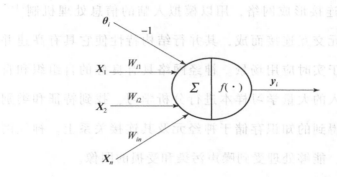

**图 75　神经元模型**

$$Y_i = f(\sum W_i X_i - \theta_i) \tag{45}$$

式中，$f(\cdot)$ 是表示神经元输入和输出关系的函数，称为输出函数或激活函数。

BP 神经网络采用"有监督"的方式进行网络的训练，通过学习掌握训练样本中蕴含的输入/输出映射关系，实现正确的模式分类和预测[138]。当 BP 神经网络输入一个已知所属类别的训练样本后，输入信号从输入层到隐含层再到输出层进行正向传播，输出层的各神经元输出对应这个训练样本的网络响应。如果实际的输出和训练样本存在误差，则以减少误差为目的进入误差反向传播的过程，即信号从输出层到隐含层再到输入层进行反向传播，在反向传播过程中依据误差的大小逐层调整各层神经元的连接权值和阈值。随着不断有新的训练样本输入 BP 神经网络，正向和反向传播训练不断进行，BP

神经网络对输入的训练样本识别的正确率也将不断提高，直至达到允许的误差范围内。

图 76 所示为一个 3 层 BP 神经网络，每一层都由若干神经元组成，其层间的神经元全连接，层内的神经元无连接。下面以图 76 为例进行 3 层 BP 神经网络学习过程的说明。设该网络在输入层有 $n$ 个神经元，在隐含层有 $p$ 个神经元，在输出层有 $q$ 个神经元，$\boldsymbol{W}_{ij}$ 和 $\boldsymbol{\theta}_j$ 为输入层至隐含层的连接权值和阈值，$\boldsymbol{V}_{jt}$ 和 $\boldsymbol{\theta}_t$ 为隐含层至输出层的连接权值和阈值。

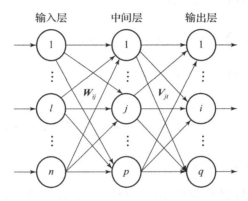

图 76　3 层 BP 神经网络

BP 神经网络的学习过程由以下 4 个部分组成[139]。

（1）训练样本的正向传播。

这个过程主要是从输入层输入训练样本，经隐含层处理后在输出层得到与训练样本对应的实际输出。

①得到训练样本的特征向量 $\boldsymbol{X}_k$。

$$\boldsymbol{X}_k = \left[\, \boldsymbol{x}_1^k , \boldsymbol{x}_2^k , \cdots , \boldsymbol{x}_n^k \,\right] \qquad (\, k = 1 , 2 , \cdots , m \,)$$

②确定与训练样本对应的输出向量 $\boldsymbol{Y}_k$。

$$\boldsymbol{Y}_k = \left[\, \boldsymbol{y}_1^k , \boldsymbol{y}_2^k , \cdots , \boldsymbol{y}_q^k \,\right] \qquad (\, k = 1 , 2 , \cdots , m \,)$$

③计算隐含层各神经元的激活值 $\boldsymbol{s}_j$。

$$\boldsymbol{s}_j = \sum_{i=1}^{n} (\, \boldsymbol{W}_{ij} \cdot \boldsymbol{x}_i \,) - \boldsymbol{\theta}_j \qquad (\, j = 1 , 2 , \cdots , p \,) \qquad (46)$$

④计算隐含层各神经元的输出值 $b_j$。

$$b_j = f(s_j) = \cfrac{1}{1 + \exp\left[-\sum\limits_{i=1}^{n}(W_{ij} \cdot x_i) - \theta_j\right]} \qquad (47)$$

这里激活函数选择 S 型函数，即

$$f(x) = \cfrac{1}{1 + \exp(-x)} \qquad (48)$$

S 型函数连续可微分且更接近生物神经元的信号输出形式。

⑤计算输出层各神经元的激活值 $o_t$。

$$o_t = \sum\limits_{j=1}^{p}(V_{jt} \cdot b_j) - \theta_t \qquad (t = 1, 2, \cdots, q) \qquad (49)$$

⑥计算输出层各神经元的输出值 $c_t$。

$$c_t = f(o_t) = \cfrac{1}{1 + \exp\left[-\sum\limits_{j=1}^{p}(V_{jt} \cdot b_j) - \theta_t\right]} \qquad (50)$$

（2）输出误差的反向传播。

在训练样本正向传播计算中 BP 神经网络得到了输出值，当这个输出值与训练样本的类型值不同（或者说误差大于给定的阈值时）时，就会进行网络的校正过程，即输出误差的反向传播过程，网络校正和误差调整的过程如下。

①计算输出层各神经元的校正误差 $d_t^k$。

$$d_t^k = (y_t^k - c_t^k)f'(o_t^k) \qquad (t = 1, 2, \cdots, q; \ k = 1, 2, \cdots, m) \qquad (51)$$

式中，$y_t^k$ 为期望输出（训练样本的类型），$c_t^k$ 为实际输出，$f'(\cdot)$ 为对输出层激活函数的导数。

②计算隐含层各神经元的校正误差 $e_j^k$。

$$e_j^k = \left(\sum\limits_{t=1}^{q}(V_{jt} \cdot d_t^k)\right)f'(s_j^k) \qquad (j = 1, 2, \cdots, p; \ k = 1, 2, \cdots, m) \qquad (52)$$

③使用 $d_t^k$ 计算输出层与隐含层之间连接权值的校正量以及输出层神经元阈值的校正量。

$$\Delta v_{jt} = \alpha \cdot d_t^k \cdot b_j^k \qquad (j = 1, 2, \cdots, p; k = 1, 2, \cdots, m; \ t = 1, 2, \cdots, q) \qquad (53)$$

$$\Delta \boldsymbol{\gamma}_t = \alpha \cdot \boldsymbol{d}_t^k \qquad (k = 1, 2, \cdots, m; \ t = 1, 2, \cdots, q) \qquad (54)$$

式中，$\alpha$ 为学习系数（$0 < \alpha < 1$）。

④使用 $\boldsymbol{e}_j^k$ 计算隐含层与输入层之间连接权值的校正量以及隐含层神经元阈值的校正量。

$$\Delta \boldsymbol{W}_{ij} = \beta \cdot \boldsymbol{e}_j^k \cdot \boldsymbol{x}_i^k \qquad (j = 1, 2, \cdots, p; \ k = 1, 2, \cdots, m; \ i = 1, 2, \cdots, n)$$
$$(55)$$

$$\Delta \theta_j = \beta \cdot \boldsymbol{e}_j^k \qquad (j = 1, 2, \cdots, p; \ k = 1, 2, \cdots, m) \qquad (56)$$

式中，$\beta$ 为学习系数（$0 < \beta < 1$）。

（3）循环记忆训练。

循环记忆训练是不断重复训练样本的正向传播和输出误差的反向传播这一对过程，以使输出误差小于给定的阈值，并且使 BP 神经网络记住这种模式。

（4）学习结果的判断。

BP 神经网络的学习（训练）过程是全局误差趋向极小值的过程，每次循环记忆训练结束后都要进行学习结果的判断，检查输出误差是否已经小于给定的阈值或者达到设定的最大训练次数，如果满足条件就结束整个学习过程，否则继续进行环记忆训练。

BP 神经网络的学习过程的流程如图 77 所示。

## 5.3.2　荞麦籽粒的 BP 神经网络识别

### 1. BP 神经网络结构的设计

增加 BP 神经网络隐含层神经元数量和层数可以提高 BP 神经网络学习的精度，但也会使 BP 神经网络复杂化，导致学习速度降低。使用单隐层结构并增加隐含层的神经元数量也可达到提高网络训练精度的目的，并且单隐层 BP 神经网络可以完成任何复杂模式的识别工作。BP 神经网络输入层神经元的数

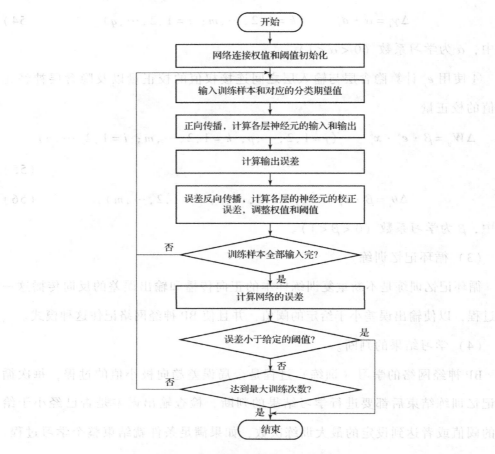

**图77 BP神经网络学习过程的流程**

量取决于样本特征向量的维数，输出层神经元的数量取决于样本的类别数，隐含层神经元数量的确定目前还没有相关理论作为指导。由于本书使用 RGB 颜色空间 3 个通道的灰度均值、标准差和偏度，形状特征中的面积、长轴长度、短轴长度和周长，共 13 个特征作为荞麦籽粒样本的特征，所示使用一种经验公式 $n = 2 \times m + 1$ 确定隐含层的数目，式中 $m$ 为输入层的神经元个数，$n$ 为隐含层的神经元个数。荞麦籽粒被分为未剥壳荞麦、完整荞麦米、碎荞麦米以及误分割区域 4 种类型，因此本书选用的 BP 神经网络为 13 - 27 - 4 单隐层结构。

使用 MATLAB 作为软件平台，BP 神经网络训练时的误差期望设定为 0.001，最大训练次数设定为 5 000 次。网络中间层神经元激活函数选择 S 型正切传递函数 Tansig，输出层神经元激活函数选择 S 型对数传递函数 Logsig，网络训练函数选择 Trainlm。

### 2. 荞麦籽粒的识别结果

对 8 幅在线采集到的荞麦剥出物图像进行交互式标记，得到含未剥壳荞麦、完整荞麦米、碎荞麦米以及误分割区域 4 种籽粒类型的共 7 200 个已标记籽粒，将这些已标记籽粒数据进行随机排序，然后选取前 3 600 个作为 BP 神经网络的训练集，选取后 3 600 个作为测试集。训练集和测试集中不同类型的籽粒数量相同，分别是：未剥壳荞麦 2 739 粒、完整荞麦米 508 粒、碎荞麦米 303 粒以及误分割区域 50 个。由于被标记图像选自最优和次优剥壳间隙时在线采集的图像序列，图像中未剥壳荞麦占比达 2/3，其余占比不足 1/3，这与正常剥壳加工生产的实际情况基本相符。根据已标记籽粒数据集合中的类型字段，生成对应的分类期望向量集，向量集中 0001 代表未剥壳荞麦，0010 代表完整荞麦米，0100 代表碎荞麦米，1000 代表误分割区域。

将训练集和对应的分类期望向量集输入已建立的 BP 神经网络，按给定的误差期望和最大训练次数对 BP 神经网络进行训练并产生训练好的网络。使用训练好的网络对测试集进行识别，结果见表 12。

**表 12　BP 神经网络的识别结果**

| 籽粒类型 | 样本总数 | 测试集识别结果 | | | | 识别率/% | 平均识别率/% |
|---|---|---|---|---|---|---|---|
| | | 未剥壳荞麦 | 完整荞麦米 | 碎荞麦米 | 误分割区域 | | |
| 未剥壳荞麦 | 2 739 | 2 735 | 2 | 0 | 2 | 99.8 | |
| 完整荞麦米 | 508 | 0 | 497 | 11 | 0 | 97.8 | |
| 碎荞麦米 | 303 | 1 | 12 | 289 | 1 | 95.4 | 98.6 |
| 误分割区域 | 50 | 11 | 7 | 3 | 29 | 58 | |

表 12 中的识别结果显示如下内容。

（1）2 739 粒未剥壳荞麦中有 2 粒被误识别为完整荞麦米，2 粒被误识别为误分割区域，整体的正确识别率最高，达到了 99.8%。

（2）508 粒完整荞麦米中没有被误识别为未剥壳荞麦和误分割区域的籽粒，但有 11 粒被误识别为碎荞麦米，这显现出了明显的差异。产生这种现象的原因是在进行籽粒类别标注时，完整荞麦米和碎荞麦米的人工区分带有较强的主观性，并且有些表皮破损的完整荞麦米与碎荞麦米的区分不是很显著，导致被错误识别为碎荞麦米。

（3）完整荞麦米与碎荞麦米的区分不是很显著的特点也反映在了碎荞麦米的识别中，303 粒碎荞麦米中只有 2 粒被误识别为未剥壳荞麦和误分割区域，却有 12 粒被误识别为完整荞麦米。虽然完整荞麦米与碎荞麦米互相误识别的概率较高，正确识别率不如未剥壳荞麦，但它们整体的正确识别率也比较高。完整荞麦米的正确识别率为 97.8%，碎荞麦米的正确识别率为 95.4%。

（4）误分割区域的正确识别率较低，只有 58%。本书试验中误分割区域主要是由于欠分割所导致，而且误分割中粘连的形态多种多样，有各种类型籽粒的粘连，也有粘连籽粒大小和粘连程度的不同，再加上误分割区域总体只占籽粒总数的 2.2%，训练集中样本不均衡也导致训练好的网络对误分割区域的识别能力不足。试验中设定误分割区域的目的是将荞麦籽粒粘连分割中未能正确分割的目标分离出来，减少在训练和识别中由误分割区域产生的噪声干扰。又由于被错误识别的误分割籽粒已计入未剥壳荞麦、完整荞麦米和碎荞麦米的错误识别部分，所以较低的正确识别率对另外 3 种籽粒的正确识别率影响有限。

对测试集中的全部籽粒进行合并计算，得到 BP 神经网络对荞麦剥出物的平均识别正确率为 98.6%，能够满足荞麦剥壳性能检测的需求。

# 5.4　荞麦剥壳性能检测

除了生产现场凭观感和经验的人工方式外，较为准确的检测荞麦剥壳性能参数的方式是：收集一段时间内荞麦剥壳机出料口排出的荞麦剥出物，筛分后称量各种成分的质量并计算它们的比例，主要是整米率和碎米率。这种方式虽然耗时，但能有效避免各种随机因素对测量结果的影响。基于机器视觉的荞麦剥壳性能检测方法是测量一个时刻的含量比，图像分割的准确率、识别的准确率、剥壳过程本身的随机性以及匀料取料的随机性都会对检测结果的准确性造成不利影响。

由于去除了密度较低的荞麦壳，完整荞麦米与未剥壳荞麦的容重不同，相同质量下两者籽粒数量差别较大，相同质量下碎荞麦米籽粒数量与另外两种籽粒差别更大。鉴于与传统基于质量的荞麦剥壳性能参数测量方式不同，本书试验以所测得数据的稳定性、区分性、与已有研究成果数据变化趋势的一致性以及是否能够反映剥壳机理为判断依据，分析荞麦剥壳性能参数在线检测方法的可行性。

本书以单一粒径不同砂盘间隙这种剥壳工况变化为代表，试验所提出的机器视觉检测方法对出料口荞麦剥出物成分比例变化的检测效果。试验中选取经过预分级的 4.6~4.8 mm 粒径未剥壳荞麦为剥壳物料，砂盘间隙分别设定为 4.6 mm、4.8 mm、5.0 mm、5.2 mm、5.4 mm 和 5.6 mm。由于预试验测得荞麦剥出物通过视场的时间为 0.25~0.4 s，所以试验中每隔 0.5 s 采集一帧图像，这样既可以避免图像的重采集，也可以保证有足够的物料模拟荞麦剥壳机真实的剥壳过程。

参考 GB/T 29898—2013《胶辊砻谷机》[140]中糙碎率和出糙率的定义，定

义机器视觉检测下的荞麦剥壳加工出米率和碎米率为

$$\eta = \frac{M_Z}{M_Z + M_W} \times 100\% \qquad (57)$$

$$\varepsilon = \frac{M_S}{M_Z + M_W + M_S} \times 100\% \qquad (58)$$

式（57）中 $\eta$ 为出米率，式（58）中 $\varepsilon$ 为碎米率，$M_Z$，$M_W$ 和 $M_S$ 分别为一幅图像中完整荞麦米、未剥壳荞麦和碎荞麦米的籽粒数量。

## 1. 试验过程

首先使用斗式提升机将预分级后的同一粒径未剥壳荞麦物料送入料斗，达到料位 3/4 刻度线，并在试验中维持料斗中的物料在这个容量基本不变，然后分 4 个步骤进行图像采集。

（1）开机空转 1 min，排空荞麦剥壳机中的剩余物料。

（2）打开料斗门，荞麦剥壳机给料，开始剥壳，运转 1 min 达到稳定运行状态。

（3）开始以 2 幅/s 的速度采集图像，连续采集 400 幅图像。

（4）停止图像采集，关闭料斗门，机组继续空转 1 min 后停机。

调整荞麦剥壳机砂盘间隙后，按上述 4 个步骤采集另一组 400 帧图像数据，总计采集对应 6 种不同剥壳间隙的 6 组图像。

连续对所采集到的 2 400 幅图像分别进行"插值→背景分割→粘连分割→特征值计算→识别→分类计数→出米率和碎米率计算"的处理。出米率和碎米率的计算结果以组为单位分别存储和显示。

## 2. 试验分析

由图 78 和图 79 可以看出，剥壳间隙逐步增大时，出米率和碎米率都呈下降趋势，这反映出了剥壳间隙在由小变大的过程中，砂盘对荞麦籽粒的碾搓效应由强变弱，导致未剥壳荞麦占比增加的实际运行情况。在 5.4 mm 和

5.6 mm 两种剥壳间隙时的出米率和碎米率差异都相对较小，这反映了冲击效应取代碾搓效应成为荞麦去壳和籽粒破碎主要因素的细节。

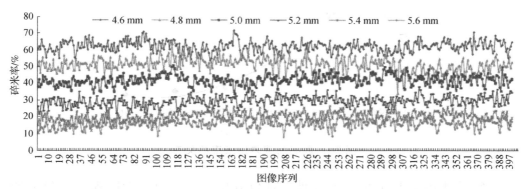

图 78　不同剥壳间隙下出米率的变化（附彩插）

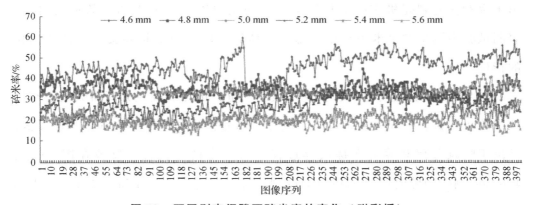

图 79　不同剥壳间隙下碎米率的变化（附彩插）

文献［132］中人工测量了与本书试验相同粒径和相同剥壳间隙下的出米率数据，如图 80 所示，但不同的是其定义的出米率是整米总质量与试验样品总质量之比，将该文献中的出米率数据与图 78 对比可以看出，在 4.6 mm 间隙时基本相同，在 4.8 mm、5.4 mm 和 5.6 mm 间隙时低约 10%，在 5.0 mm 和 5.2 mm 时低约 20%，整体的变化趋势一致，考虑到其出米率分母中包含小碎米、荞麦壳和灰分的因素，实际结果相差更小。

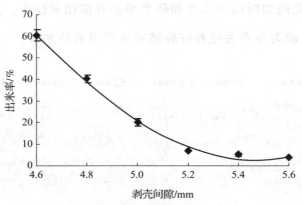

**图80　剥壳间隙与出米率的关系**

图78中出米率在同一剥壳间隙时相对稳定，不同剥壳间隙差异较为明显，反映出所采用的机器视觉检测方法有良好的工作稳定性和区分度。结合出米率对荞麦剥壳机实际运行情况的准确反映以及与人工测量数据的对比，表明试验中测得的出米率数据经滤波处理后可以作为反映荞麦剥壳性能变化的指标。

在4.6 mm剥壳间隙时，荞麦米破碎严重，虽然经吸风分离器吸走了破碎粒中的小颗粒，但碎荞麦米比未剥壳荞麦和完整荞麦米籽粒数量之和还要多，又由于吸风分离和荞麦碾搓破碎过程具有一定的随机性，反映在图79中，4.6 mm剥壳间隙时的碎米率波动剧烈；4.8 mm、5.0 mm和5.2 mm剥壳间隙时碎米率虽然比4.6 mm剥壳间隙时变化小，但相比5.4 mm和5.6 mm剥壳间隙时碎米率的相对稳定和变化平缓，这几个剥壳间隙时的碎米率仍变化幅度较大、差异不明显且有交叠，因此可以看出碎米率不适合作为反映荞麦剥壳性能变化的指标。

本书试验选取一幅含897个籽粒的图像，在前述软/硬件条件下，测量所使用机器视觉检测方法的运行时间。各功能部分的处理时间如图81所示，图中时间单位为s，运行时间最长的部分是对所有籽粒循环进行特征值的计算，耗时为2.760 5 s，平均每个籽粒耗时为3.1 ms，总耗时为5.145 2 s。生产中未剥壳荞麦循环一次耗时不短于10 min，本书试验预期的荞麦剥壳性能参数获取时间为不超过 1 min，当滤波窗口选择为 10 时，所使用的机器视觉检测方法的运行时间能够满足在荞麦剥壳性能参数线检测需求。

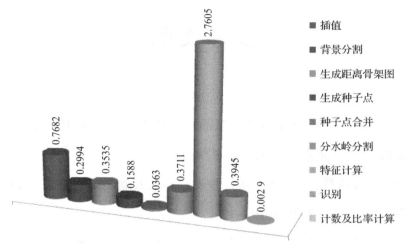

图 81　图像处理中各功能模块的运行时间（单位：s）（附彩插）

# 参考文献

[1] 秦培友. 我国主要荞麦品种资源品质评价及加工处理对荞麦成分和活性的影响 [D]. 北京：中国农业科学院，2012.

[2] 杨海莹，张锐昌，张应龙，等. 荞麦营养及其制品研究进展 [J]. 粮食与油脂，2014，27（10）：10－13.

[3] 张玲，高飞虎，高伦江，等. 荞麦营养功能及其利用研究进展 [J]. 南方农业，2011，5（6）：74－77.

[4] 史建强，李艳琴，张宗文，等. 荞麦及其野生种遗传多样性分析 [J]. 植物遗传资源学报，2015，16（3）：443－450.

[5] 王安虎，熊梅，耿选珍，等. 中国荞麦的开发利用现状与展望 [J]. 作物杂志，2003，3：7－8.

[6] 李月，徐长江，吴定环，等. 不同栽培地不同品种甜荞膳食纤维含量变异研究 [J]. 广东农业科学，2013，40（13）：12－17.

[7] 张玉金，叶俊，张智勇，等. 苦荞育种现状与探讨 [J]. 内蒙古农业科技，2008，3：90－91.

[8] 林汝法，周小理，任贵兴，等. 中国荞麦的生产与贸易、营养与食品 [J]. 食品科学，2005，1：259－263.

[9] 农业部市场与经济信息司. 荞麦2016年市场形势及2017年展望 [EB/OL]. （2017－01－22）[2018/12/23]. http://jiuban. moa. gov. cn/zwllm/jcyj/201701/t20170122_5461526. htm.

[10] 高春元. 内蒙古对日贸易的现状与展望 [J]. 价值工程，2015，34

（12）：228 - 230．

［11］冯佰利，姚爱华，高金峰，等．中国荞麦优势区域布局与发展研究［J］．中国农学通报，2005，3：375 - 377．

［12］于丽萍．荞麦米的加工［J］．西部粮油科技，2002，5：43 - 44．

［13］代丕有．荞麦米加工机［P］：CN2288004．1998 - 08 - 19．

［14］冯爱莲，王志强，高喜臣．荞麦脱壳机的研制［J］．农村牧区机械化，1995，2：13 - 14．

［15］车文春．全自动荞麦脱壳机械设备的研制［J］．甘肃科技，2003，5：19 - 20．

［16］朱新华，范维果，李泽，等．苦荞麦非热脱壳机试验研制［J］．中国农业大学学报，2017，22（12）：146 - 155．

［17］高连兴，回子健，董华山，等．三滚式小区育种花生脱壳机设计与试验［J］．农业机械学报，2016，47（7）：159 - 165．

［18］刘明政，李长河，张彦彬，等．柔性带剪切挤压核桃破壳机理分析与性能试验［J］．农业机械学报，2016，47（7）：266 - 273．

［19］ZAREIFOROUSH H，MINAEI S，ALIZADEH M R，et al．Design，development and performance evaluation of an automatic control system for rice whitening machine based on computer vision and fuzzy logic ［J］．Computers & Electronics in Agriculture，2016，124（C）：14 - 22．

［20］刁斯琴，杜文亮，隋建民，等．剥壳间隙对荞麦整半仁率的影响规律［J］．食品与机械，2013，29（3）：191 - 193．

［21］孙晓靖，杜文亮，赵士杰，等．苦荞麦脱壳方法的试验［J］．农业机械学报，2007，12：220 - 222．

［22］吴英思，杜文亮，刘飞，等．荞麦剥壳机分离装置的改进试验［J］．农业工程学报，2010，26（5）：127 - 131．

［23］吕少中，杜文亮，陈伟，等．基于PCA和神经网络的荞麦剥壳混合物识

别 [J]. 农机化研究, 2018, 40 (1): 166 – 170.

[24] ZAREIFOROUSH H, MINAEI S, ALIZADEH M R, et al. A hybrid intelligent approach based on computer vision and fuzzy logic for quality measurement of milled rice [J]. Measurement, 2015, 66.

[25] PATEL K K, KAR A, JHA S N, et al. Machine vision system: a tool for quality inspection of food and agricultural products [J]. Journal of Food Science & Technology, 2012, 49 (2): 123 – 141.

[26] 韩仲志, 赵友刚. 基于计算机视觉的花生品质分级检测研究 [J]. 中国农业科学, 2010, 43 (18): 3882 – 3891.

[27] RIQUELME M T, BARREIRO P, RUIZ – ALTISENT M, et al. Olive classification according to external damage using image analysis [J]. Journal of Food Engineering, 2008, 87 (3): 371 – 379.

[28] SZCZYPIŃSKI P M, KLEPACZKO A, ZAPOTOCZNY P. Identifying barley varieties by computer vision [J]. Computers and Electronics in Agriculture, 2015, 110.

[29] 张强. 基于图像处理的苦荞品种判别 [J]. 中国粮油学报, 2015, 30 (05): 128 – 132.

[30] 侯干. 基于机器视觉苦荞种子的鉴别 [D]. 咸阳: 西北农林科技大学, 2018.

[31] 刘广硕, 杜文亮, 吕少中, 等. 荞麦剥壳效果在线检测装置的设计与试验 [J]. 农机化研究, 2017, 39 (3): 121 – 124.

[32] 侯彩云, 李慧园, 尚艳芬, 等. 稻谷品质的图像识别与快速检测 [J]. 中国粮油学报, 2003, 4: 80 – 83.

[33] 尚艳芬, 侯彩云, 常国华, 等. 整精米自动识别方法的研究 [J]. 中国水稻科学, 2004, 5: 92 – 94.

[34] 于润伟, 金鲲鹏, 朱晓慧. 基于图像识别的整精米自动检测研究 [J].

中国粮油学报，2006，6：147 – 150.

[35] 高希端，孟超英，籍保平. 机器视觉在稻米整精米率快速计算中的应用 [J]. 食品科学，2007，5：268 – 272.

[36] 刘丹. 基于图像处理的大米整精米率的检测方法研究和精度分析 [D]. 大连：大连海事大学，2012.

[37] 李同强，甘建鹏. 基于计算机视觉的大米整精米率检测 [J]. 中国粮油学报，2011，26（8）：114 – 118.

[38] 张伟. 整精米检测识别系统的研究 [D]. 大连：大连理工大学，2009.

[39] 王仁圣. 整精米自动分选机控制系统的设计 [D]. 大连：大连理工大学，2009.

[40] LIU W，TAO Y，SIEBENMORGEN T J，et al. Digital image analysis method for rapid measurement of rice degree of milling [J]. Cereal Chemistry，1998，75（3）：380 – 385.

[41] LLOYD B J，CNOSSEN A G，SIEBENMORGEN T J. Evaluation of two methods for separating head rice from brokens for head rice yield determination [J]. Applied Engineering in Agriculture，2001，17（5）：643 – 648.

[42] YADAV B K，JINDAL V K. Monitoring milling quality of rice by image analysis. [J]. Computers & Electronics in Agriculture，2001，33（1）：19 – 33.

[43] 张浩，李和平，叶娟. 小麦籽粒外观形态特征测定技术研究 [J]. 粮食与饲料工业，2013，3：7 – 9.

[44] 张玉荣，陈赛赛，周显青，等. 基于图像处理和神经网络的小麦不完善粒识别方法研究 [J]. 粮油食品科技，2014，22（3）：59 – 63.

[45] MANICKAVASAGAN A，SATHYA G，JAYAS D S，et al. Wheat class identification using monochrome images [J]. Journal of Cereal Science，2008，47（3）：518 – 527.

［46］ DOUIK A，ABDELLAOUI M．Cereal varieties classification using wavelet techniques combined to multi – layer neural networks：Conference on Control & Automation，2008 ［C］．

［47］ AMARAL A L，ROCHA O，GONÇALVES C，et al．Application of image analysis to the prediction of EBC barley kernel weight distribution ［J］．Industrial Crops & Products，2009，30 （3）：366 – 371．

［48］ SHRESTHA B L，KANG Y M，BAIK O D．A two – camera machine vision in predicting alpha – amylase activity in wheat ［J］．Journal of Cereal Science，2016，71：28 – 36．

［49］ YANG W，WINTER P，SOKHANSANJ S，et al．Discrimination of hard – to – pop popcorn kernels by machine vision and neural networks ［J］．Biosystems Engineering，2005，91 （1）：1 – 8．

［50］ 周鸿达，张玉荣，王伟宇，等．基于图像处理玉米水分检测方法研究 ［J］．河南工业大学学报（自然科学版），2016，37 （3）：96 – 100．

［51］ COURTOIS F，FAESSEL M，BONAZZI C．Assessing breakage and cracks of parboiled rice kernels by image analysis techniques ［J］．Food Control，2010，21 （4）：567 – 572．

［52］ 吴彦红，刘木华，杨君，等．基于计算机视觉的大米外观品质检测 ［J］．农业机械学报，2007，7：107 – 111．

［53］ 孙翠霞，方华，胡波．基于灰度图像的大米垩白检测算法研究 ［J］．广西工学院学报（自然科学版），2010，21 （2）：36 – 40．

［54］ 王粤，李同强，王杰．基于机器视觉的大米垩白米的检测方法 ［J］．中国粮油学报，2016，31 （5）：147 – 151．

［55］ 王卫翼，张秋菊．基于机器视觉的虫蚀葵花籽识别与分选系统 ［J］．食品与机械，2014，30 （2）：109 – 113．

［56］ LIU D，NING X，LI Z，et al．Discriminating and elimination of damaged soybean seeds based on image characteristics ［J］. Journal of Stored Products Research, 2015, 60: 67 – 74.

[57] ASHRAF M A, TIAN S, KNODO N, et al. Machine vision to inspect tomato seedlings for grafting robot ［J］. Acta Horticulturae, 2014 (1054): 309 – 316.

[58] LEEMANS V, DESTAIN M F, MAGEIN H, et al. Quality fruit grading by colour machine vision: defect recognition. ［J］. Acta Horticulturae, 2000 (517): 405 – 412.

[59] 周雪青, 张晓文, 邹岚, 等. 水果自动检测分级设备的研究现状和展望 ［J］. 农业技术与装备, 2013, (2): 9 – 11.

[60] LEEMANS V, MAGEIN H, DESTAIN M F. AE – automation and emerging technologies: on – line fruit grading according to their external quality using machine vision ［J］. Biosystems Engineering, 2002, 83 (4): 397 – 404.

[61] MAKKY M, SONI P. Development of an automatic grading machine for oil palm fresh fruits bunches (FFBs) based on machine vision ［J］. Computers & Electronics in Agriculture, 2013, 93 (C): 129 – 139.

[62] OSBORNES, KÜNNEMEYER R, JORDAN R. A low – cost system for the grading of kiwifruit ［J］. Journal of Near Infrared Spectroscopy, 1999, 7 (1): 9 – 15.

[63] SCHOTTE S, BELIE N D, BAERDEMAEKER J D. Acoustic impulse – response technique for evaluation and modelling of firmness of tomato fruit ［J］. Postharvest Biology & Technology, 1999, 17 (2): 105 – 115.

[64] LAMMERTYN J, DRESSELAERS T, HECKE P V, et al. Analysis of the time course of core breakdown in ' Conference' pears by means of MRI and X – ray CT ［J］. Postharvest Biology & Technology, 2003, 29 (1): 19 – 28.

[65] KLEYNEN O, LEEMANS V, DESTAIN M F. Development of a multi –

spectral vision system for the detection of defects on apples [J]. Journal of Food Engineering, 2005, 69 (1): 41 – 49.

[66] CLARK C J, MCGLONE V A, REQUEJO C, et al. Dry matter determination in 'Hass' avocado by NIR spectroscopy [J]. Postharvest Biology & Technology, 2003, 29 (3): 301 – 308.

[67] MCGLONE V A, JORDAN R B. Kiwifruit and apricot firmness measurement by the non – contact laser air – puff method [J]. Postharvest Biology & Technology, 2000, 19 (1): 47 – 54.

[68] DONG J, GUO W. Nondestructive determination of apple internal qualities using near – infrared hyperspectral reflectance imaging [J]. Food Analytical Methods, 2015, 8 (10): 2635 – 2646.

[69] 黄星奕, 魏海丽, 赵杰文. 实时在线检测苹果果形的一种计算方法 [J]. 食品与机械, 2006, 1: 27 – 29.

[70] 袁亮, 涂雪滢, 巨刚, 等. 基于机器视觉的番茄实时分级系统设计 [J]. 新疆大学学报 (自然科学版), 2017, 34 (1): 11 – 16.

[71] 李庆中, 张漫, 汪懋华. 基于遗传神经网络的苹果颜色实时分级方法 [J]. 中国图象图形学报, 2000, 9: 71 – 76.

[72] 陈艳军, 张俊雄, 李伟, 等. 基于机器视觉的苹果最大横切面直径分级方法 [J]. 农业工程学报, 2012, 28 (2): 284 – 288.

[73] 莫亚子, 段佳欢, 沈斌, 等. 基于面积的猕猴桃大小分级检测算法 [J]. 电子世界, 2014, 10: 257 – 258.

[74] 左兴健, 武广伟. 猕猴桃自动分级设备设计与试验 [J]. 农业机械学报, 2014, 45 (S1): 287 – 295.

[75] 邓继忠, 李山, 张建瓴, 等. 小型农产品分选机设计与试验 [J]. 农业机械学报, 2015, 46 (9): 245 – 250.

[76] SOFU M M, ER O, KAYACAN M C, et al. Design of an automatic apple

sorting system using machine vision ［J］. Computers & Electronics in Agriculture, 2016, 127 （C）: 395 – 405.

［77］ NEVES J C, CASTRO H, TOMÃ S A, et al. Detection and separation of overlapping cells based on contour concavity for Leishmania images ［J］. Cytometry A, 2014, 85 （6）: 491 – 500.

［78］ SHEEBA F, THAMBURAJ R, MAMMEN J J, et al. Splitting of overlapping cells in peripheral blood smear images by concavity analysis ［C］ // International Workshop on Combinatorial Image Analysis, 2014.

［79］ BAI X, SUN C, ZHOU F. Splitting touching cells based on concave points and ellipse fitting ［J］. Pattern Recognition, 2009, 42 （11）: 2434 – 2446.

［80］ 李宏辉, 郝颖明, 吴清潇, 等. 基于凹点方向线的粘连药品图像分割方法 ［J］. 计算机应用研究, 2013, 30 （9）: 2852 – 2854.

［81］ 刘伟华, 隋青美. 基于凹点搜索的重叠粉体颗粒的自动分离算法 ［J］. 电子测量与仪器学报, 2010, 24 （12）: 1095 – 1100.

［82］ 谢忠红, 姬长英, 郭小清, 等. 基于凹点搜索的重叠果实定位检测算法研究 ［J］. 农业机械学报, 2011, 42 （12）: 191 – 196.

［83］ 张瑞华, 吴谨. 基于边缘链码信息的黏连细胞分割算法 ［J］. 北京理工大学学报, 2013, 33 （7）: 747 – 753.

［84］ 陈英, 李伟, 张俊雄. 基于图像轮廓分析的堆叠葡萄果粒尺寸检测 ［J］. 农业机械学报, 2011, 42 （8）: 168 – 172.

［85］ ZHANG W H, JIANG X, LIU Y M. A method for recognizing overlapping elliptical bubbles in bubble image ［J］. Pattern Recognition Letters, 2012, 33 （12）: 1543 – 1548.

［86］ HUKKANEN J, HATEGAN A, SABO E, et al. Segmentation of cell nuclei from histological images by ellipse fitting ［C］ //European Signal Processing

Conference, 2010.

[87] ADIGA P S U, CHAUDHURI B B. An efficient method based on watershed and rule – based merging for segmentation of 3 – D histo – pathological images [J]. Pattern Recognition, 2001, 34 (7): 1449 – 1458.

[88] SOILLE P, VINCENT L M. Determining watersheds in digital pictures via flooding simulations [J]. Proceedings of SPIE – The International Society for Optical Engineering, 1990, 1360: 240 – 250.

[89] HODNELAND E, TAI X C, GERDES H H. Four – color theorem and level set methods for watershed segmentation [J]. International Journal of Computer Vision, 2009, 82 (3): 264 – 283.

[90] NG H P, ONG S H, FOONG K W C, et al. Medical image segmentation using k – means clustering and improved watershed algorithm [C] //IEEE Southwest Symposium on Image Analysis & Interpretation, 2006.

[91] PINIDIYAARACHCHI A, WÄHLBY C. Seeded watersheds for combined segmentation and tracking of cells [M]. Berlin: Springer – Verlag. 2005.

[92] HARI J, PRASAD A S, RAO S K. Separation and counting of blood cells using geometrical features and distance transformed watershed [C] // International Conference on Devices, 2014.

[93] ROERDINK, JOS B T M, MEIJSTER, et al. The watershed transform: definitions, algorithms and parallelization strategies [J]. Fundamenta Informaticae, 2000, 41 (1, 2): 187 – 228.

[94] VINCENT L, SOILLE P. Watersheds in digital spaces: an efficient algorithm based on immersion simulations [J]. IEEE Trans. patt. anal. & Machine. intell, 1991, 13 (6): 583 – 598.

[95] MASMOUDI H, HEWITT S M, PETRICK N, et al. Automated quantitative assessment of HER – 2/neu immunohistochemical expression in breast cancer

[ J ]. IEEE Trans. on Medical Imaging, 2009, 28（6）: 916 - 925.

[ 96 ] DÍAZ G, GONZALEZ F, ROMERO E. Automatic clump splitting for cell quantification in microscopical images [ M ]. Berlin: Springer - Verlag, 2007.

[ 97 ] QUELHAS P, MARCUZZO M, MENDONCA A M, et al. Cell nuclei and cytoplasm joint segmentation using the sliding band filter [ J ]. IEEE Trans. on Medical Imaging, 2010, 29（8）: 1463.

[ 98 ] KOBATAKE H, HASHIMOTO S. Convergence index filter for vector fields [ J ]. IEEE Trans. on Image Processing A Publication of the IEEE Signal Processing Society, 1999, 8（8）: 1029 - 1038.

[ 99 ] WEI J, HAGIHARA Y, KOBATAKE H. Detection of cancerous tumors on chest X - ray images - candidate detection filter and its evaluation [ C ] // International Conference on Image Processing, 1999.

[ 100 ] PEREIRA C S, FERNANDES H, MENDONÇA A M, et al. Detection of lung nodule candidates in chest radiographs [ C ] //Iberian Conference on Pattern Recognition & Image Analysis, 2007.

[ 101 ] AL - KOFAHI Y, LASSOUED W, LEE W, et al. Improved automatic detection and segmentation of cell nuclei in histopathology images [ J ]. IEEE Trans. on bio - medical engineering, 2010, 57（4）: 841 - 852.

[ 102 ] PARVIN B, YANG Q, HAN J, et al. Iterative voting for inference of structural saliency and characterization of subcellular events. [ J ]. IEEE Trans. on Image Processing, 2007, 16（3）: 615 - 623.

[ 103 ] QI X, XING F, FORAN D J, et al. Robust segmentation of overlapping cells in histopathology specimens using parallel seed detection and repulsive level set [ J ]. IEEE Trans. on Bio - medical Engineering, 2012, 59（3）: 754.

[104] CHENG J, RAJAPAKSE J C. Segmentation of clustered nuclei with shape markers and marking function [J]. IEEE Trans. on Bio – medical Engineering, 2009, 56 (3): 741 – 748.

[105] CHANHO J, CHANGICK K. Segmenting clustered nuclei using H – minima transform – based marker extraction and contour parameterization. [J]. IEEE Trans. Bio – medical Engineering, 2010, 57 (10): 2600 – 2604.

[106] ROSENFELD A. Sequential operations in digital picture processing [J]. Journal of the Acm, 1966, 13 (4): 471 – 494.

[107] JUNG C, KIM C, CHAE S W, et al. Unsupervised segmentation of overlapped nuclei using Bayesian classification. [J]. IEEE Trans. on bio – medical Engineering, 2010, 57 (12): 2825 – 2832.

[108] 康晓泉, 首祥云, 陈世悦, 等. 条件颗粒分割方法研究 [J]. 中国图像图形学报, 2004, 5: 55 – 60.

[109] 朱国普. 基于活动轮廓模型的图像分割 [D]. 哈尔滨: 哈尔滨工业大学, 2007.

[110] VESE L A, CHAN T F. A multiphase level set framework for image segmentation using the mumford and shah model [J]. International Journal of Computer Vision, 2002, 50 (3): 271 – 293.

[111] LU Z, CARNEIRO G, BRADLEY A P. Automated nucleus and cytoplasm segmentation of overlapping cervical cells [J]. Med Image Comput Comput Assist Interv, 2013, 16 (1): 452 – 460.

[112] ZIMMER C, OLIVO – MARIN J C. Coupled parametric active contours [J]. IEEE Trans. on Pattern Analysis & Machine Intelligence, 2005, 27 (11): 1838 – 1842.

[113] MALLADI R, SETHIAN J A, VEMURI B C. Shape modeling with front propagation: a level set approach [J]. IEEE Trans. on Pattern Analysis &

Machine Intelligence, 1995, 17 (2): 158 – 175.

[114] ZHANG B, ZIMMER C, OLIVOMARIN J C. Tracking fluorescent cells with coupled geometric active contours [C] //IEEE International Symposium on Biomedical Imaging: Nano to Macro, 2005.

[115] RAY N, ACTON S T, LEY K. Tracking leukocytes in vivo with shape and size constrained active contours [J]. IEEE Trans. on Medical Imaging, 2002, 21 (10): 1222 – 1235.

[116] JONES T R, CARPENTER A, GOLLAND P. Voronoi – based segmentation of cells on image manifolds [J]. Lecture Notes in Computer Science, 2005, 3765: 535 – 543.

[117] HIBBARD R H. Apparatus and method for adaptively interpolating a full color image utilizing luminance gradients [P]: U. S. Patent, No. 5382976, 1995 – 01 – 18.

[118] LAROCHE C A, PRESCOTT M A. Apparatus and method for adaptively interpolating a full color image utilizing chrominance gradients [P]: U. S. Patent, No. 5373322, 1994.

[119] HAMILTON J, JOHN F, ADAMS J, et al. Adaptive color plane interpolation in single sensor color electronic camera. [P]: U. S. Patent, No. 5629734, 1997 – 05 – 13.

[120] 章毓晋. 图像分割 [M]. 北京: 科技出版社, 2001.

[121] 代育红. 数字图像颜色插值算法的研究 [D]. 西安: 西安电子科技大学, 2013.

[122] 岑喆鑫, 李宝聚, 石延霞, 等. 基于彩色图像颜色统计特征的黄瓜炭疽病和褐斑病的识别研究 [J]. 园艺学报, 2007, 6: 1425 – 1430.

[123] 宋丽娟. 基于图像的农作物病害识别关键算法研究 [D]. 西安: 西北大学, 2018.

[124] 赵博，宋正河，毛文华，等. 基于 PSO 与 K - 均值算法的农业超绿图像分割方法 [J]. 农业机械学报，2009, 40 (8)：166 - 169.

[125] VINCENT L, SOILLE P. Watersheds in digital spaces: an efficient algorithm based on immersion simulations [J]. IEEE Trans. patt. anal. & Machine. intell, 1991, 13 (6)：583 - 598.

[126] 崔亮. 基于机器视觉的农作物种子计数检测系统 [D]. 太原：中北大学，2016.

[127] 章毓晋. 图像工程（中册）图像工程 [M]. 2 版. 北京：清华大学出版社，2005.

[128] 徐茂成. 百度众测标注系统及其在数据采集方面的扩展应用的设计与实现 [D]. 南京：南京大学，2018.

[129] 聂震云. 基于众包的数据标注系统 [D]. 北京：北京交通大学，2014.

[130] 曹伟. 众包域值标注算法研究 [D]. 南京：南京财经大学，2017.

[131] DUTTA A, GUPTA A, ZISSERMAN A. VIA Online Demo [EB/OL]. (2018 - 11 - 20) [2019/1/9]. http://www. robots. ox. ac. uk/ ~ vgg/software/via/via_demo. html.

[132] 陈伟，杜文亮，政东红，等. 荞麦剥壳机性能参数试验研究 [J]. 中国农业大学学报，2017, 22 (7)：107 - 114.

[133] 李文勇. 基于机器视觉的果园性诱害虫在线识别与计数方法研究 [D]. 北京：中国农业大学，2015.

[134] JAIN A K, DUIN R P W, MAO J. Statistical pattern recognition: a review [J]. IEEE Trans. on Pattern Analysis & Machine Intelligence, 2002, 27 (11)：1502.

[135] 边肇祺，张学工. 模式识别 [M]. 2 版. 北京：清华大学出版社，2000.

［136］ HAO H. Butterfly image retrieval based on SIFT feature analysis ［J］. Proceedings of SPIE － The International Society for Optical Engineering，2009，7489：748900.

［137］ 胡新宇. 基于机器视觉的家蚕微粒子图像识别方法的研究 ［D］. 武汉：武汉理工大学，2011.

［138］ 戴永伟，雷志勇. BP 网络学习算法研究及其图像模式识别应用 ［J］. 计算机与现代化，2006，11：67－70.

［139］ 王旭，王宏. 人工神经网络原理与应用 ［M］. 2 版. 沈阳：东北大学出版社，2007.

［140］ GB/T 29898—2013，粮油机械 胶辊砻谷机 ［S］.

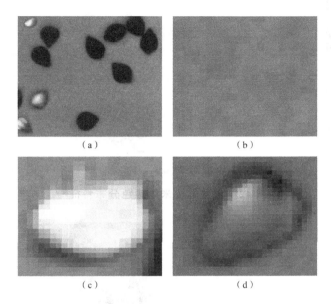

**图 20  荞麦籽粒图像中的伪彩色**

（a）荞麦籽粒滑动托板；（b）背景区域局部放大图像；

（c）破损籽粒图像中的伪彩色；（d）完整荞麦米图像中的伪彩色

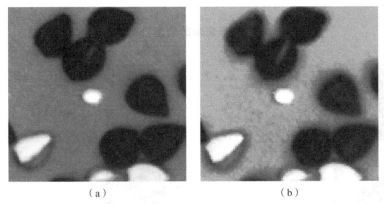

**图 31  直方图拉伸和直方图均衡化的对比**

（a）直方图拉伸图像；（b）直方图均衡化图像

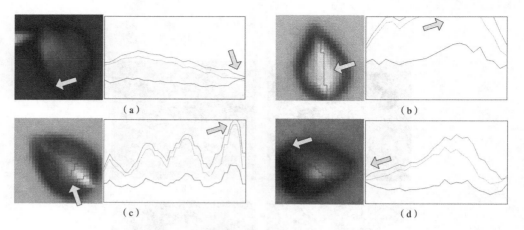

（a）　　　　　　　　　（b）

（c）　　　　　　　　　（d）

**图 42　完整荞麦米的颜色分布特征**

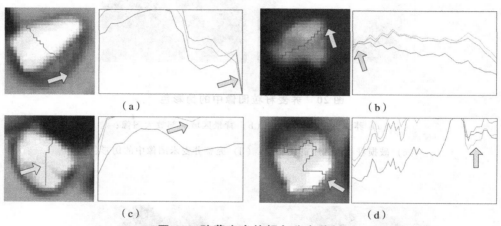

（a）　　　　　　　　　（b）

（c）　　　　　　　　　（d）

**图 43　碎荞麦米的颜色分布特征**

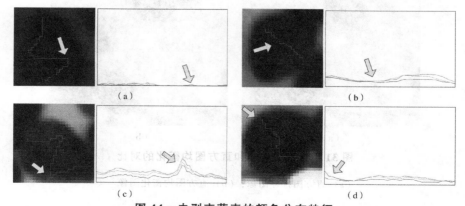

（a）　　　　　　　　　（b）

（c）　　　　　　　　　（d）

**图 44　未剥壳荞麦的颜色分布特征**

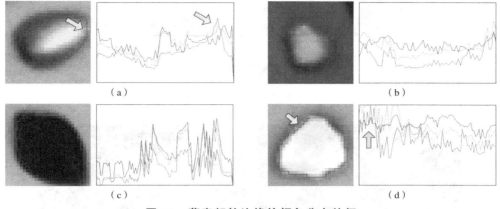

图 45　荞麦籽粒边缘的颜色分布特征

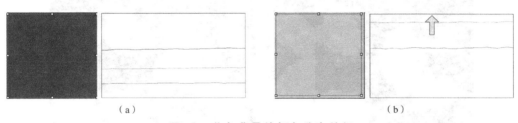

图 46　蓝色背景的颜色分布特征

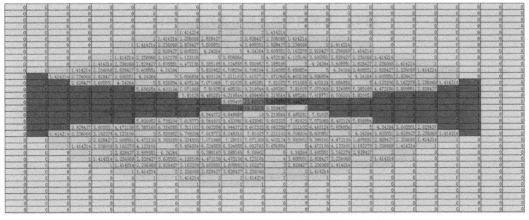

图 59　荞麦籽粒距离图像中的局部极大值

| 9.219544 | 9.899495 | 9.219544 |
|---|---|---|
| 9.899495 | 10.63015 | 9.848858 |
| 10 | 10.63015 | 9.899495 |
| 9.848858 | 10 | 9.219544 |

| 9.219128 | 9.894469 | 9.218935 |
|---|---|---|
| 9.896624 | 10.62155 | 9.846166 |
| 9.897613 | 10.62251 | 9.896049 |
| 9.844959 | 9.896863 | 9.219959 |

（a） （b）

**图62　高斯模糊效果示意**

（a）高斯模糊前；（b）高斯模糊后

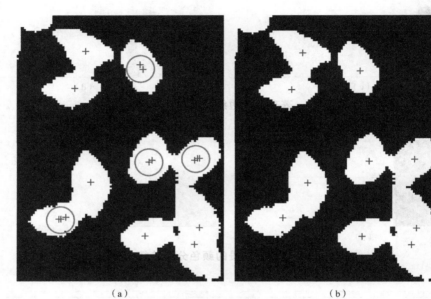

（a） （b）

**图63　高斯模糊前后种子点的变化对比**

（a）未进行高斯模糊；（b）进行了高斯模糊

**图68　种子点控制的荞麦籽粒图像分水岭分割效果**

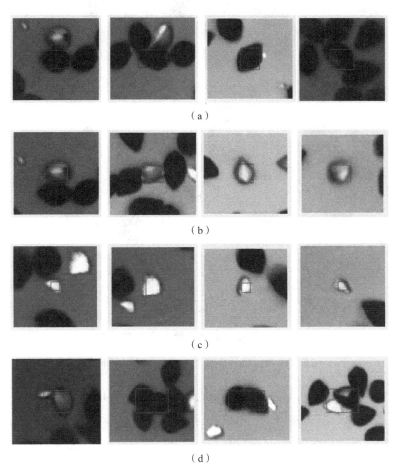

**图 73　荞麦籽粒人工标注时的主观判断方法**

（a）未剥壳荞麦；（b）完整荞麦米；（c）碎荞麦米；（d）误分割荞麦

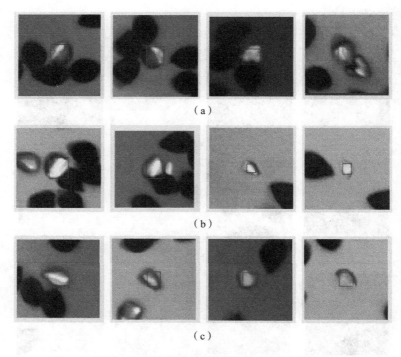

**图 74　完整荞麦米和碎荞麦米的区分**

（a）完整荞麦米；（b）碎荞麦米；（c）界定困难的荞麦米

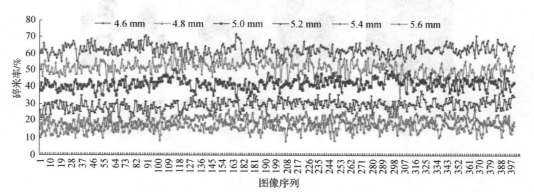

**图 78　不同剥壳间隙下出米率的变化**

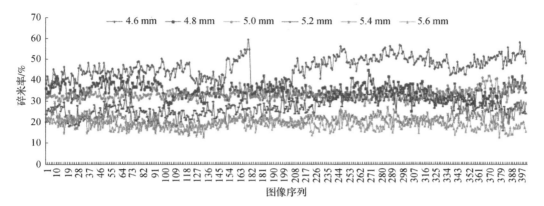

**图 79　不同剥壳间隙下碎米率的变化**

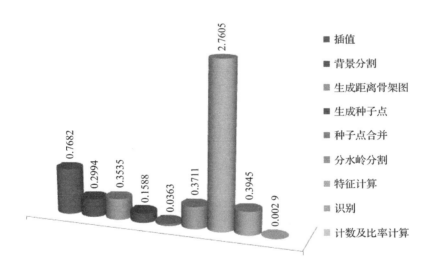

**图 81　图像处理中各功能模块的运行时间（单位：s）**

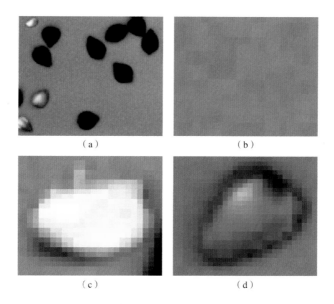

（a）　　　　　　　　　　　　（b）

（c）　　　　　　　　　　　　（d）

**图 20　荞麦籽粒图像中的伪彩色**

（a）荞麦籽粒滑动托板；（b）背景区域局部放大图像；

（c）破损籽粒图像中的伪彩色；（d）完整荞麦米图像中的伪彩色

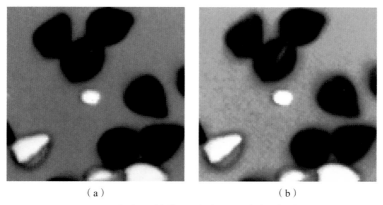

（a）　　　　　　　　　　　　（b）

**图 31　直方图拉伸和直方图均衡化的对比**

（a）直方图拉伸图像；（b）直方图均衡化图像

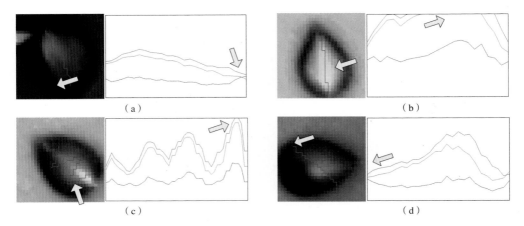

图 42　完整荞麦米的颜色分布特征

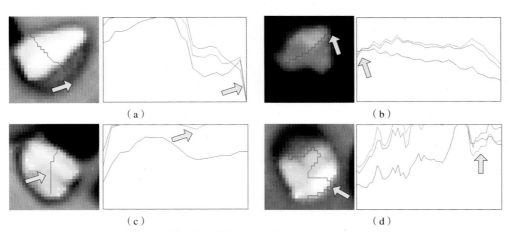

图 43　碎荞麦米的颜色分布特征

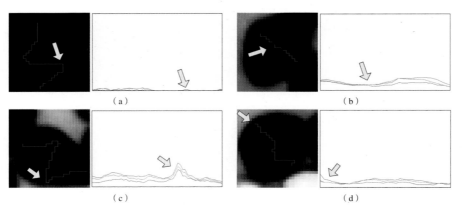

图 44　未剥壳荞麦的颜色分布特征

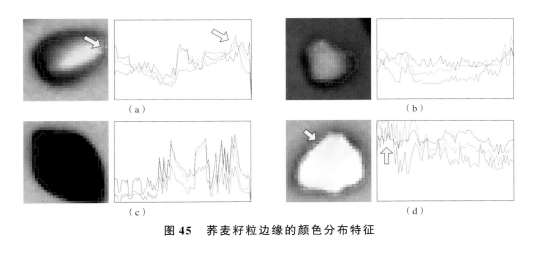

图 45　荞麦籽粒边缘的颜色分布特征

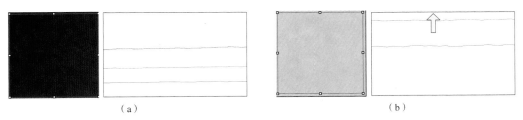

图 46　蓝色背景的颜色分布特征

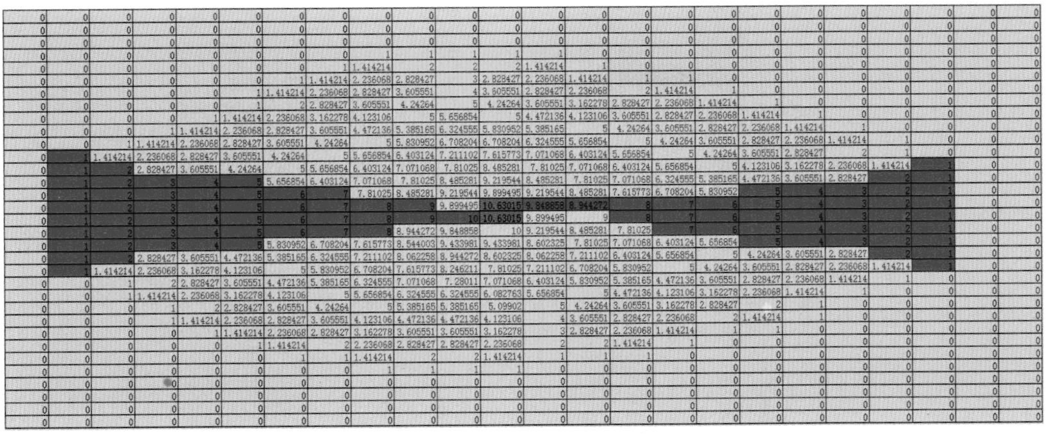

图 59　荞麦籽粒距离图像中的局部极大值

| | | |
|---|---|---|
| 9.219544 | 9.899495 | 9.219544 |
| 9.899495 | 10.63015 | 9.848858 |
| 10 | 10.63015 | 9.899495 |
| 9.848858 | 10 | 9.219544 |

| | | |
|---|---|---|
| 9.219128 | 9.894469 | 9.218935 |
| 9.896624 | 10.62155 | 9.846166 |
| 9.997613 | 10.62251 | 9.896049 |
| 9.844959 | 9.996668 | 9.219959 |

（a）　　　　　　　　　　　　　　　　　（b）

**图 62　高斯模糊效果示意**

（a）高斯模糊前；（b）高斯模糊后

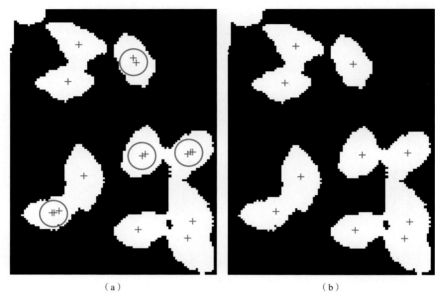

（a）　　　　　　　　　　　　　　　　　（b）

**图 63　高斯模糊前后种子点的变化对比**

（a）未进行高斯模糊；（b）进行了高斯模糊

**图 68　种子点控制的荞麦籽粒图像分水岭分割效果**

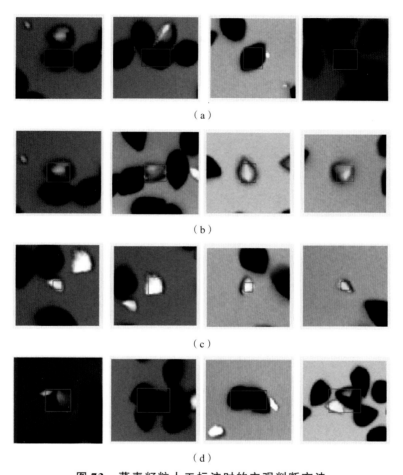

**图 73　荞麦籽粒人工标注时的主观判断方法**

（a）未剥壳荞麦；（b）完整荞麦米；（c）碎荞麦米；（d）误分割荞麦

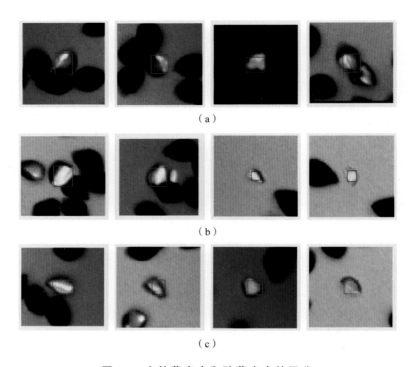

**图 74　完整荞麦米和碎荞麦米的区分**

（a）完整荞麦米；（b）碎荞麦米；（c）界定困难的荞麦米

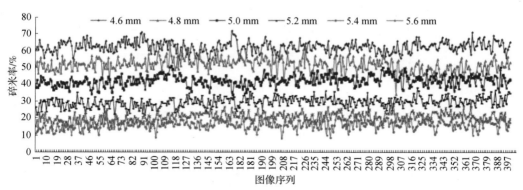

**图 78　不同剥壳间隙下出米率的变化**

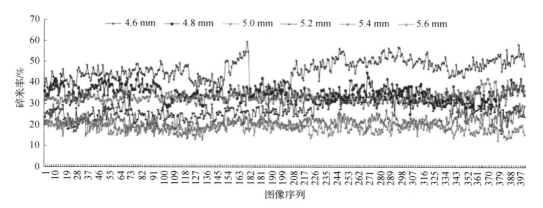

**图79　不同剥壳间隙下碎米率的变化**

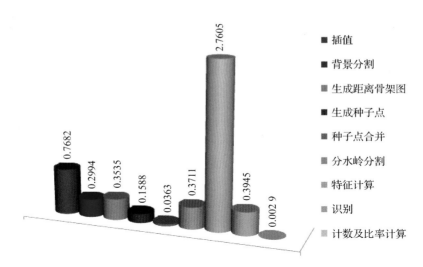

**图81　图像处理中各功能模块的运行时间（单位：s）**